小《ちい》さな命《いのち》も重《おも》さは同《おな》じ

難病《なんびょう》の子猫《こねこ》クロと いつもいっしょ

山岡《やまおか》 睦美《むつみ》／作《さく》

ハート出版

プロローグ

「プルプルプル、プルプルプルプル」

山岡家《やまおかけ》の電話《でんわ》が、けたたましくさわぎ出《だ》しました。夕食《ゆうしょく》の準備《じゅんび》をしていたお母《かあ》さんがあわてて受話器《じゅわき》を取《と》ると、娘《むすめ》のさおりさんからです。

「あ、お母《かあ》さん。今《いま》ね、子猫《こねこ》を拾《ひろ》ったの。でもね……生《い》きているかどうかわからないから病院《びょういん》に来《き》てるの。生《い》きている子《こ》は飼《か》ってもいいでしょう。ねえ、いいでしょう？」

「子猫《こねこ》？ 拾《ひろ》った？ 生《い》きて……ねぇ、どういうこと？ わかるように説《せつ》明《めい》して……」
電話《でんわ》の向《む》こうで、さおりさんはとてもあせっているようすでした……。

難病《なんびょう》の子猫《こねこ》クロといつもいっしょ

もくじ

プロローグ／2
捨《す》てられていた子猫《こねこ》たち／6
クロ、チャム、ミミ／24

クロの難病《なんびょう》／34
難病《なんびょう》とのたたかい／49
さおりさんの受験《じゅけん》／58
決断《けつだん》／80

捨《す》てられていた子猫《こねこ》たち

「ねえねえ、今日《きょう》のテストどうだったぁ」

「ぼちぼちかなぁ～。せっかくの夏休《なつやす》み最後《さいご》の週《しゅう》なのにねぇ。映画《えいが》行きそびれちゃったね」

「じゃあ、明日《あした》行《い》こうか」

夏休《なつやす》みも終《お》わりに近《ちか》づいていた暑《あつ》い日《ひ》。高校《こうこう》二年生《ねんせい》のさおりさんとえりなさんは、受験勉強《じゅけんべんきょう》のために夏休《なつやす》みを返上《へんじょう》して、毎日《まいにち》のように学校《がっこう》へ通《かよ》っていました。その帰《かえ》り道《みち》のことでした。

「にゃぁぁ～にゃぁぁ～」

今《いま》にも消《き》えてしまいそうな小《ちい》さな小《ちい》さな鳴《な》き声《ごえ》が、どこからか聞《き》こえてきました。

「ねぇねぇ、今《いま》、猫《ねこ》の鳴《な》き声《ごえ》しなかった？」

「うん、聞《き》こえたけど苦《くる》しそうな感《かん》じだったよ。どこからかなぁ」

二人《ふたり》は耳《みみ》をすませ、あちらこちら大《おお》きな目《め》をきょろきょろさせながら探《さが》しはじめました。八月《がつ》最後《さいご》の太陽《たいよう》はジリジリと地面《じめん》をこがしています。早《はや》く見《み》つけてあげないと、あのか細《ぼそ》い声《こえ》の持《も》ち主《ぬし》は大変《たいへん》なことになってしまいます。二人《ふたり》はこいでいた自転車《じてんしゃ》を道《みち》ばたにとめ、鳴《な》き声《ごえ》をもとめて道路《どうろ》横《よこ》の畑《はたけ》に入《はい》って行《い》きました。

「さおちゃーん、早《はや》く早《はや》く、ここ、ここ」

えりなさんは大《おお》きく手《て》を振《ふ》りながら、少《すこ》しはなれた畑《はたけ》を指《ゆび》さして大声《おおごえ》で

さけびました。さおりさんが急《いそ》いで畑《はたけ》の中《なか》に入《はい》って行《い》くと、透明《とうめい》プラスティックの小《ちい》さな箱《はこ》が目《め》にとまりました。二人《ふたり》はおそるおそる近《ちか》づいて中《なか》を見《み》ると、小《ちい》さな箱《はこ》の中《なか》に三匹《びき》の子猫《こねこ》がぎゅうぎゅうに押《お》し込《こ》まれ、ごていねいに箱《はこ》の上《うえ》はガムテープでぐるぐる巻《ま》きにして出《で》られないようにしてありました。きっと中《なか》は息《いき》もできないかもしれません。

「なんて……なんてひどいことを……」

こんな状態《じょうたい》で何時間《なんじかん》いたのでしょうか。さおりさんは急《いそ》いでガムテープをはずそうとしましたが、ぐるぐるに巻《ま》きつけられたテープはなかなかはずれません。

「どうしてこんなひどいことを……。今《いま》助《たす》けてあげるからね……」
二人《ふたり》は涙《なみだ》でかすむ目《め》を手《て》でぬぐいながら、必死《ひっし》でテープをはずしつづけました。なんとかテープを取《と》りのぞき箱《はこ》の中《なか》をのぞき込《こ》むと、子猫《こねこ》たちはかわいそうな状況《じょうきょう》でした。子猫《こねこ》たちの目《め》は目《め》やにでつぶれていて、水《みず》のようなウンチと吐《は》いたもので毛《け》はドロドロ。そしてこの暑《あつ》さで透明《とうめい》プラスティックの中《なか》の温度《おんど》は高《たか》くなり、三匹《びき》とも脱水症状《だっすいしょうじょう》のようでぐったりとしています。そして押《お》し込《こ》められた一番下《ばんした》と真《ま》ん中《なか》の子猫《こねこ》は身動《みうご》き一《ひと》つせず、生《い》きているのか死《し》んでいるのかさえわかりません。かろうじて一番上《ばんうえ》の子猫《こねこ》だけが最後《さいご》の力《ちから》を振《ふ》りしぼって「助《たす》けて」と鳴《な》いていたのです。

「うっ、くさい！」

二人《ふたり》はあまりのひどい状況《じょうきょう》で何《なに》をしていいのやら身動《みうご》きできないままでいると、一番上《ばんうえ》の子猫《こねこ》が箱《はこ》から出《で》ようと前足《まえあし》をのばして必死《ひっし》でもがき、首《くび》を左右《さゆう》に振《ふ》りながら「にゃぁぁ～にゃぁぁ～」と鳴《な》きつづけました。このままでは小《ちい》さな子猫《こねこ》の命《いのち》の火《ひ》は消《き》えてしまいます。さおりさんは思《おも》わずその子猫《こねこ》をだきしめ、

「必《かなら》ず助《たす》けるからね。がんばって、がんばって」

と、いのるように言《い》いました。

「えりなちゃん、あとの二匹《ひき》は生《い》きてる？」

「わからない、動《うご》かないよ。でも……何《なん》とかしなくっちゃ」

二人《ふたり》はどうしたら助《たす》けられるのかと考《かんが》え込《こ》んでいましたが、さおりさん

は何《なに》かを思《おも》い出《だ》したようにぴくんと頭《あたま》を持《も》ちあげ、えりなさんにこう言《い》いました。

「あっ、そうだ！　確《たし》かこの近《ちか》くに新《あたら》しくできた『たかもり動物病院《どうぶつびょういん》』があったはずだよ。この間《あいだ》うちのアベル（柴犬《しばいぬ》）がみてもらったから、そこに行《い》ってみようよ」

「ほんと？　じゃあ行《い》ってみよう」

助《たす》かるかもしれない……いちるの望《のぞ》みが二人《ふたり》の顔《かお》をパッと明《あか》るくしました。あとのことは何《なに》も考《かんが》えないまま、さおりさんは子猫《こねこ》を、えりなさんは箱《はこ》を大事《だいじ》そうにかかえ、夢中《むちゅう》で病院《びょういん》まで走《はし》り出《だ》しました。とにかく「子猫《こねこ》を助《たす》けたい」という思《おも》いだけで。

「カランカランカラン」

二人《ふたり》はハアハアと息《いき》をつかせながら病院《びょういん》の重《おも》いドアを開《あ》け、

「こんにちは。こんにちは」

と、声《こえ》をかけました。

「はーい。ちょっと待《ま》ってくださいね」

奥《おく》の部屋《へや》からピンクのエプロンをつけた助手《じょしゅ》のお姉《ねえ》さんが出《で》てきて、

「どうされました？　はじめてですか？」

と、にこにこ笑顔《えがお》でたずねましたが、二人《ふたり》はどう答《こた》えていいかとっさに言葉《ことば》が出《で》ず立《た》ちつくしていました。とにかく子猫《こねこ》を病院《びょういん》に連《つ》れて行《い》くことだけでせいいっぱい、何《なに》をどう説明《せつめい》しどうすればいいのか頭《あたま》の中《なか》は真《ま》っ白《しろ》です。さおりさんは子猫《こねこ》を両手《りょうて》でだきかかえたままかたまっていましたが、

小《ちい》さく深呼吸《しんこきゅう》をして、

「畑《はたけ》の中《なか》に子猫《こねこ》が捨《す》てられていて……助《たす》けてください。お願《ねが》いします」

泣《な》きそうな声《こえ》でふりしぼるように言《い》いました。お姉《ねえ》さんは少《すこ》しビックリした顔《かお》をしていましたがにっこり笑《わら》って、

「ちょっと待《ま》ってくださいね。先生《せんせい》を呼《よ》んで来《き》ますから」

と、診察室《しんさつしつ》の中《なか》に入《はい》って行《い》きました。するとすぐに白衣《はくい》を着《き》たやさしそうな先生《せんせい》が診察室《しんさつしつ》から出《で》てきて二人《ふたり》の前《まえ》に立《た》ち、

「この子《こ》とこの箱《はこ》の中《なか》の子《こ》？　ちょっと見《み》せてくれる？」

先生《せんせい》は、さおりさんからやさしく子猫《こねこ》を受《う》け取《と》ると、えりなさんが大事《だいじ》そうにかかえていた箱《はこ》の

中《なか》をのぞき込《こ》みました。先生《せんせい》はくもった顔《かお》になりましたが、二人《ふたり》に向《む》かって、

「よくここに連《つ》れて来《き》てくれたわ。きっと助《たす》けるからね。ちょっと待《ま》っててね」

と言《い》って診察室《しんさつしつ》の中《なか》に入《はい》って行《い》きました。

どのくらいたったのでしょうか。二人《ふたり》が待合室《まちあいしつ》ですわっていると、

「おうちの人《ひと》に言《い》って来《き》たの？」

助手《じょしゅ》のお姉《ねえ》さんにたずねられましたが、二人《ふたり》は下《した》を向《む》いたままだまってしまい、答《こた》えることができません。さおりさんはそのときになって、

「そうだ、お母《かあ》さんに電話《でんわ》しなきゃ。おそくなったからきっと心配《しんぱい》しているし子猫《こねこ》のことを話《はな》しておかないと連《つ》れて帰《かえ》ることができない」

ようやく、そう気《き》がつきました。

「お母《かあ》さんに電話《でんわ》してくるから、ちょっと待《ま》っててね」

えりなさんにそう言《い》うと、待合室《まちあいしつ》から外《そと》に出《で》て家《いえ》に電話《でんわ》をかけました。

「プルプルプル、プルプルプル」

電話《でんわ》の呼《よ》び出《だ》し音《おん》が鳴《な》ってる間《あいだ》、「何《なん》て言《い》ったらいいんだろう」と考《かんが》えれば考《かんが》えるほどさおりさんの胸《むね》がばくばくと打《う》ち、口《くち》から心臓《しんぞう》が飛《と》び出《だ》しそうになったそのとき、

「はい、やま……」

「あ、お母《かあ》さん。今《いま》ね、子猫《こねこ》を拾《ひろ》ったの。でもね……生《い》きているかどうかわからないから病院《びょういん》に来《き》てるの。生《い》きている子《こ》は飼《か》ってもいいでしょう？ ねえ、いいでしょう？」

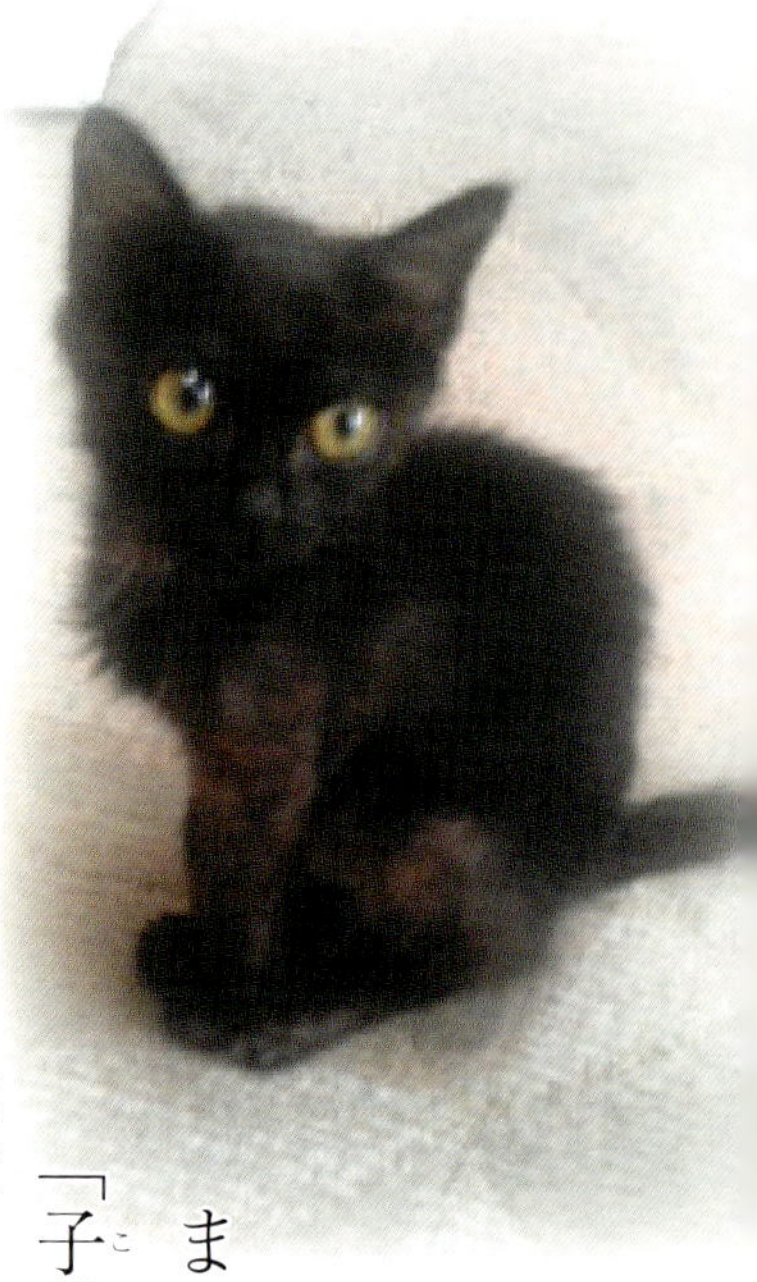

まるで早撃《はやう》ちのような言葉《ことば》の連打《れんだ》。

「子猫《こねこ》？　拾《ひろ》った？　生《い》きて……ねぇ、どういうこと？　わかるように説明《せつめい》して……」

さおりさんは小《ちい》さな深呼吸《しんこきゅう》を一《ひと》つして、ゆっくり話《はな》しました。

「あのね、学校《がっこう》の帰《かえ》りに畑《はたけ》の中《なか》で子猫《こねこ》を三匹拾《びきひろ》ったの。でも一匹《いっぴき》しか動《うご》かないから、今病院《いまびょういん》でみてもらっているの。どうしても助《たす》けてあげたい……だから連《つ》れて帰《かえ》っていいでしょう。お願《ねが》い、いいでしょう？」

「何《なん》となく事情《じじょう》はわかったわ。でも秀和《ひでかず》がぜんそくでしょう、だから家《いえ》では飼《か》えないわ。だけど里親《さとおや》さんが見《み》つかるまでは……」

「あっ、また電話《でんわ》するね」

話《はなし》をしているとちゅう、診察室《しんさつしつ》のドアが開《ひら》き先生《せんせい》のすがたが見《み》えたので、さおりさんはあわてて電話《でんわ》を切《き》ると、病院《びょういん》に入《はい》って行《い》きました。

「ケガはないけれどかなり弱《よわ》っているわ。でも三匹《びき》とも大丈夫《だいじょうぶ》よ。今《いま》ミルクを飲《の》んでくれたし、体《からだ》や目《め》もきれいにふいて……。ノミもたくさんいたから薬《くすり》をつけておきました。目《め》やには薬《くすり》を当分《とうぶん》入《い》れないときれいにならないわね。本当《ほんとう》によく連《つ》れてきてくれたわ。もう少《すこ》しおそかったらどうなっていたか。まったくひどいことをする人《ひと》もいるものね」

先生《せんせい》は、三匹《びき》の子猫《こねこ》を少《すこ》し大《おお》きなダンボールの箱《はこ》に入《い》れて出《で》てきました。子猫《こねこ》たちはミルクを飲《の》んで安心《あんしん》したのか、三匹《びき》かたまってスヤスヤねむっています。二人《ふたり》は先生《せんせい》の話《はなし》を聞《き》いて、三匹《びき》とも助《たす》かった安心感《あんしんかん》と何《なに》も聞《き》かないで治《なお》してくれた先生《せんせい》への感謝《かんしゃ》の気持《きも》ちがいっしょになり、はりつめていた気持《きも》ちが一気《いっき》に切《き》れたのか、涙《なみだ》があふれ出《だ》しました。

「あらあら、どうしたの？ もう子猫《こねこ》たちは大丈夫《だいじょうぶ》だから安心《あんしん》してね」

先生《せんせい》がそう言《い》うと、お姉《ねえ》さんが二人《ふたり》に、

「今日《きょう》は私《わたし》が子猫《こねこ》をあずかって帰《かえ》るから、心配《しんぱい》しないでね。明日《あした》はちゃんと家《いえ》の人《ひと》にお話《はな》ししてむかえに来《き》てくれる？」

と、やさしく話《はな》しかけてくれました。

「すみません。明日《あした》必《かなら》ずむかえに来《き》ますので、よろしくお願《ねが》いします。ありがとうございました」

そして二人《ふたり》は先生《せんせい》にだっこされている子猫《こねこ》の頭《あたま》を何度《なんど》もなでながら、

「明日《あした》むかえに来《き》るから待《ま》っててね。先生《せんせい》、お姉《ねえ》さん、ありがとうございました」

と、頭《あたま》を下《さ》げ、何度《なんど》も振《ふ》り向《む》き、手《て》を振《ふ》りながら走《はし》り出《だ》しました。

「猫《ねこ》ちゃん三匹《びき》とも生《い》きててよかった。先生《せんせい》もお姉《ねえ》さんもとってもやさしかったし、でも大丈夫《だいじょうぶ》かなぁ～？　お母《かあ》さんゆるしてくれるかな。明日《あした》はいっしょにむかえに行《い》こうね」

さおりさんがそう言《い》うと、えりなさんも、

「私《わたし》もお母《かあ》さんに話《はな》してみるからね」

二人《ふたり》はそう言《い》いながら、手《て》を振《ふ》ってそれぞれの家《いえ》に帰《かえ》って行《い》きました。

「ただいま～」

家《いえ》に帰《かえ》ったさおりさんが玄関《げんかん》でもぞもぞしていると、お母《かあ》さんが飛《と》んできました。

「ね、猫《ねこ》ちゃんは？　子猫《こねこ》はどうしたの？　あのあと電話《でんわ》がかかってこないから心配《しんぱい》していたのよ。どうして電話《でんわ》くれなかったのよ」

今度《こんど》はお母《かあ》さんが早撃《はやう》ちの連打《れんだ》。

「ちょっと待《ま》って、待《ま》ってよ。とにかくあがらせてよ」

さおりさんは、リビングのソファにすわってゆっくり話《はな》し出《だ》しました。

「あのね、子猫《こねこ》は今日《きょう》だけ病院《びょういん》のお姉《ねえ》さんがあずかってくれているの。えりなと学校《がっこう》から帰《かえ》るとちゅう、畑《はたけ》に捨《す》てられている子猫《こねこ》を見《み》つけたんだけど、プラスティックの箱《はこ》の中《なか》にぎゅうぎゅうに入《い》れられていて、一匹《いっぴき》しか生《い》きていないんじゃないかって思《おも》うくらいひどい状態《じょうたい》だったから、すぐ病《びょう》院《いん》に連《つ》れて行《い》って……」

「…………」

「でも、どうしても助《たす》けたかったから、そのままにしておいたら……生《い》きていてほしかったから……」

そこまで言《い》ったとたん、大《おお》きな涙《なみだ》がポロリとおちました。

「そう、子猫《こねこ》を助《たす》けてあげたかったのね。がんばったね、えらいえらい。でも、秀和《ひでかず》のぜんそくが心配《しんぱい》だなあ。まぁ犬《いぬ》アレルギーがなかったから猫《ねこ》アレルギーもないと思《おも》うけどね。部屋《へや》を別《べつ》にすればいいかな～。まぁ何《なん》とかなるよ」

「うん。お母《かあ》さんありがとう」

「で、子猫《こねこ》はどうだったの？　三匹《びき》とも助《たす》かったの？」

「先生《せんせい》が三匹《びき》とも助《たす》けてくれたよ。見《み》つけたときは全然《ぜんぜん》わからなかったけれどきれいにしてもらったらね、三匹《びき》ともとってもかわいかったんだよ。

一匹《いっぴき》は真《ま》っ黒《くろ》クロ助《すけ》で、あとはシャムミックスとグレーのサバトラ。みんなとってもかわいいよ」

「早《はや》く会《あ》いたいな。じゃあ明日《あした》はいっしょにむかえに行《い》こうね」

「うん、いっしょに行《い》こうね」

「だって後先考《あとさきかんが》えない娘《むすめ》のためですからね。病院《びょういん》のお金《かね》も払《はら》わなきゃ。それに先生《せんせい》とお姉《ねえ》さんにお礼言《れいい》わないとね」

「ごめんなさい。でもなぜだか、『絶対《ぜったい》に助《たす》けなきゃ』って思《おも》ったの」

「でもね、三匹育《びきそだ》てるのは大変《たいへん》だから、少《すこ》し大《おお》き

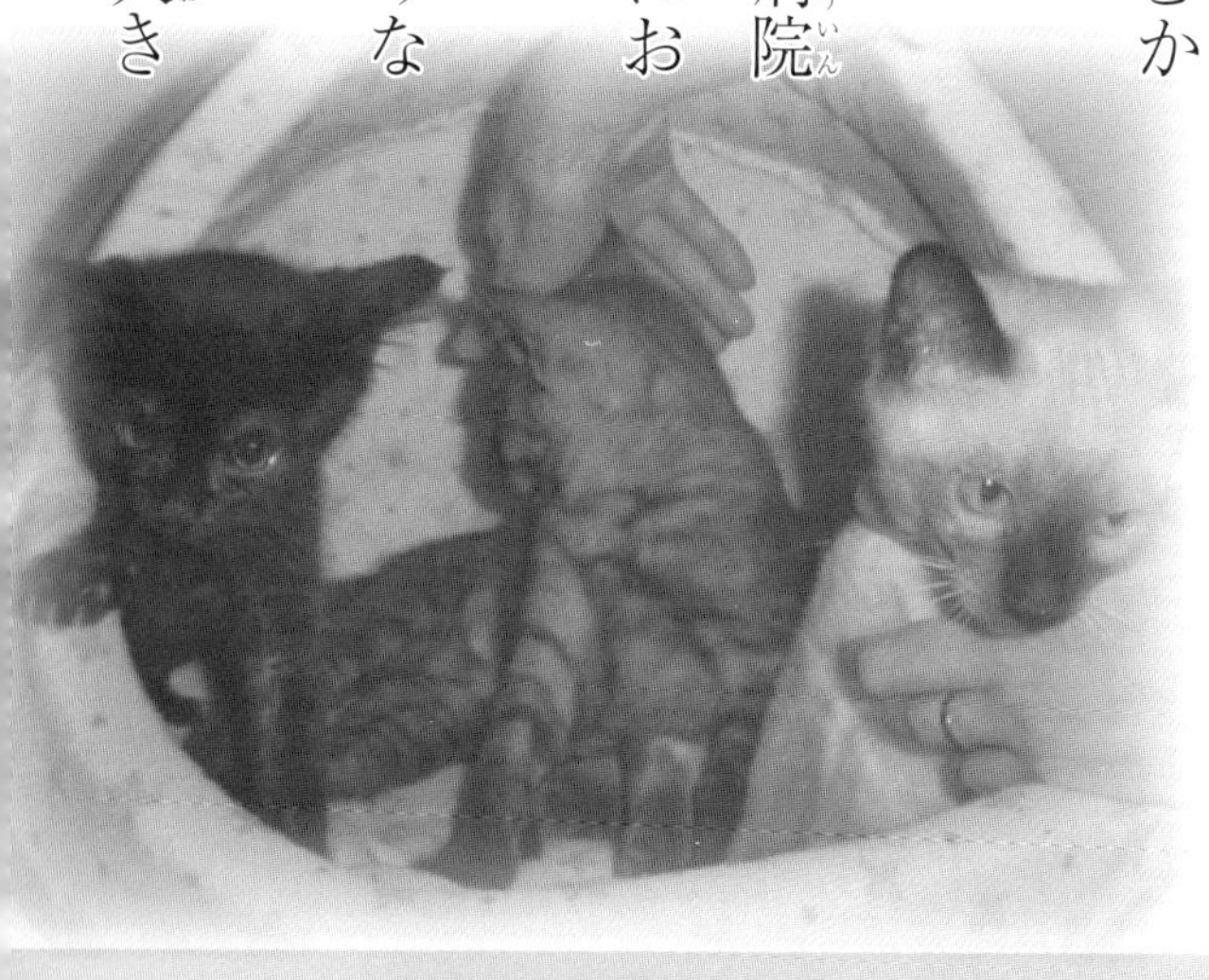

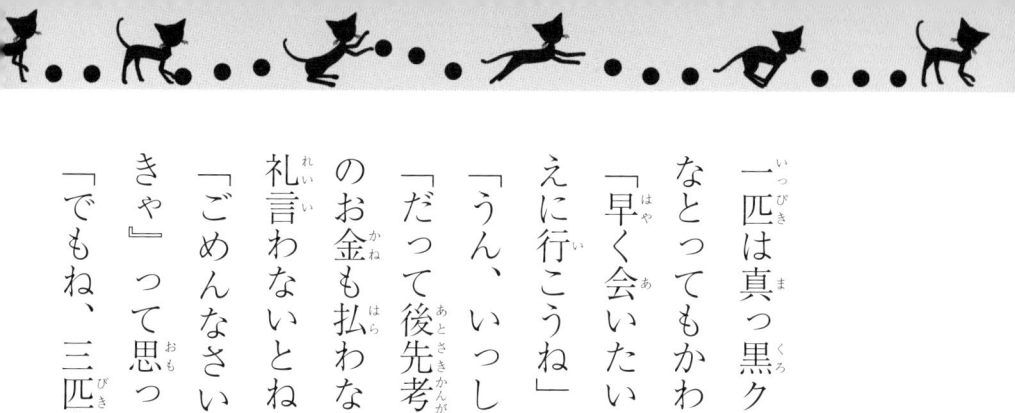

くなったら里親募集《さとおやぼしゅう》でもしたらどうかな？　お母《かあ》さんが写真入《しゃしんい》りポスターを作《つく》るから」

「でも、当分《とうぶん》は無理《むり》だと思《おも》うよ。目《め》やにで三匹《びき》とも目《め》が開《あ》いてないし、まだガリガリで小《ちい》さ過《す》ぎるもん」

「ただいま」

「あっ、お父《とう》さんお帰《かえ》りなさい。気《き》がつかなかった」

「何《なん》かもりあがってるなあ。何《なん》の話《はなし》してたんだ？」

「あのね～今日学校《きょうがっこう》の帰《かえ》り道《みち》で……」

三人《にん》はまた子猫《こねこ》の話《はなし》で夢中《むちゅう》になり、夕食《ゆうしょく》のしたくなど忘《わす》れてしまっていました。

クロ、チャム、ミミ

次《つぎ》の日《ひ》、さおりさんは学校《がっこう》でえりなさんを見《み》つけると、大急《おおいそ》ぎでかけよりました。

「おはよう、えりなちゃん。昨日《きのう》帰《かえ》ってからお母《かあ》さんと話《はな》したんだけど猫《ねこ》ちゃんが元気《げんき》になるまで育《そだ》てて、少《すこ》し大《おお》きくなったら里親《さとおや》さん探《さが》しをしたらって。でも、もし里親《さとおや》さんが見《み》つからなかったら飼《か》ってもいいって。今《きょ》日《う》三人《にん》でむかえに行《い》こう！」

さおりさんは、うれしくてはずむように話《はな》しました。

「あー、よかった。うちはお母《かあ》さんが猫《ねこ》アレルギーだからダメだったの。

よかったあ」

えりなちゃんは、ほっと胸《むね》をなでおろしました
「でも、今日《きょう》はお母《かあ》さんと出《で》かけることになっちゃったから、いっしょに行《い》けないの。明日《あした》遊《あそ》びに行《い》ってもいい？」

「うん、いいよ。猫《ねこ》ちゃん見《み》に来《き》てね」

二人《ふたり》はうれしそうにやくそくしました。

「ただいま〜」
さおりさんは部活《ぶかつ》もそこそこに急《いそ》いで学校《がっこう》から帰《かえ》り、お母《かあ》さんと子猫《こねこ》のおむかえに向《む》かいました。
カランカランカラン。

昨日《きのう》は重《おも》たかったドアが、今日《きょう》はとても軽《かる》く感《かん》じられました。

「こんにちは〜。猫《ねこ》ちゃんをむかえにきました」

さおりさんは、うれしくてたまらないというように声《こえ》をかけました。

「はーい。ちょっと待《ま》ってくださいね」

お姉《ねえ》さんがそう言《い》いながら、診察室《しんさつしつ》から顔《かお》を出《だ》してくれました。

「あっ、昨日《きのう》の……お母《かあ》さんですか？　よかった。むかえにきてくれたのですね」

「はい、昨日《きのう》は大変《たいへん》お世話《せわ》になりました。娘《むすめ》がご迷惑《めいわく》をおかけして申《もう》し訳《わけ》ありませんでした。かわいい子猫《こねこ》をむかえに来《き》ました」

お母《かあ》さんがそう言《い》うと、診察室《しんさつしつ》から子猫《こねこ》をだいた先生《せんせい》が出《で》てきて、

「どうぞお入《はい》りください」

と診察室《しんさつしつ》に案内《あんない》されました。三匹《びき》の子猫《こねこ》は診察台《しんさつだい》の上《うえ》で「にゃああ〜にゃああ」と大合唱《だいがっしょう》です。あまりに元気《げんき》で、昨日《きのう》さおりさんから聞《き》かされた子《こ》猫《ねこ》の状況《じょうきょう》とは、えらい違《ちが》いです。診察台《しんさつだい》の上《うえ》をみんなよちよちと歩《ある》き回《まわ》り、おちはしないかと心配《しんぱい》になるほどです。一番《ばん》大《おお》きな真《ま》っ黒《くろ》クロ助《すけ》はおちつきのある長男坊《ちょうなんぼう》、一回《ひとまわ》り小《ちい》さなシャムミックスはおどけた次男坊《じなんぼう》、そして一番《ばん》小《ちい》さなグレーのサバトラちゃんは甘《あま》えん坊《ぼう》の末娘《すえむすめ》のようです。

「わぁぁ、かわいい」

子猫《こねこ》たちは、手《て》のひらにおさまるほどの大《おお》きさしかありません。さおりさんは思《おも》わず、次男坊《じなんぼう》のシャムミックスをだっこしてたずねました。

「先生《せんせい》、この子《こ》たちは生《う》まれてどのくらいたっていますか?」

「う〜ん、多分《たぶん》二週間《しゅうかん》たっているかどうかというところかな。あなたが見《み》つけるのがもう少《すこ》しおそかったら、危《あぶ》なかったでしょうね」

お母《かあ》さんは先生《せんせい》の話《はなし》を聞《き》いて、三匹《びき》の子猫《こねこ》を拾《ひろ》い命《いのち》を救《すく》うことを考《かんが》えて行動《こうどう》した娘《むすめ》を少《すこ》しほこらしく思《おも》いました。

「本当《ほんとう》に娘《むすめ》がご迷惑《めいわく》をおかけしてすみませんでした。実《じつ》はこんな小《ちい》さな子《こ》を育《そだ》てたことがないので、いろいろ教《おし》えていただけませんか？　まず、何《なに》を用意《ようい》したらいいでしょう」

「そうですね、まず猫用《ねこよう》のミルクとトイレですね。まだ小《ちい》さいですから哺《ほ》乳《にゅう》びんかスポイトで、三時間《じかん》おきぐらいにミルクをあげてください。あっ、昨日《きのう》飲《の》ませたものがありますので、どうぞお使《つか》いください。それからトイレはこんなふうに（小《ちい》さな箱《はこ》に猫砂《ねこすな》を入《い》れたもの）を用意《ようい》していただければいいですよ。猫《ねこ》は一度《ど》おぼえるとちゃんとできるようになりますので、

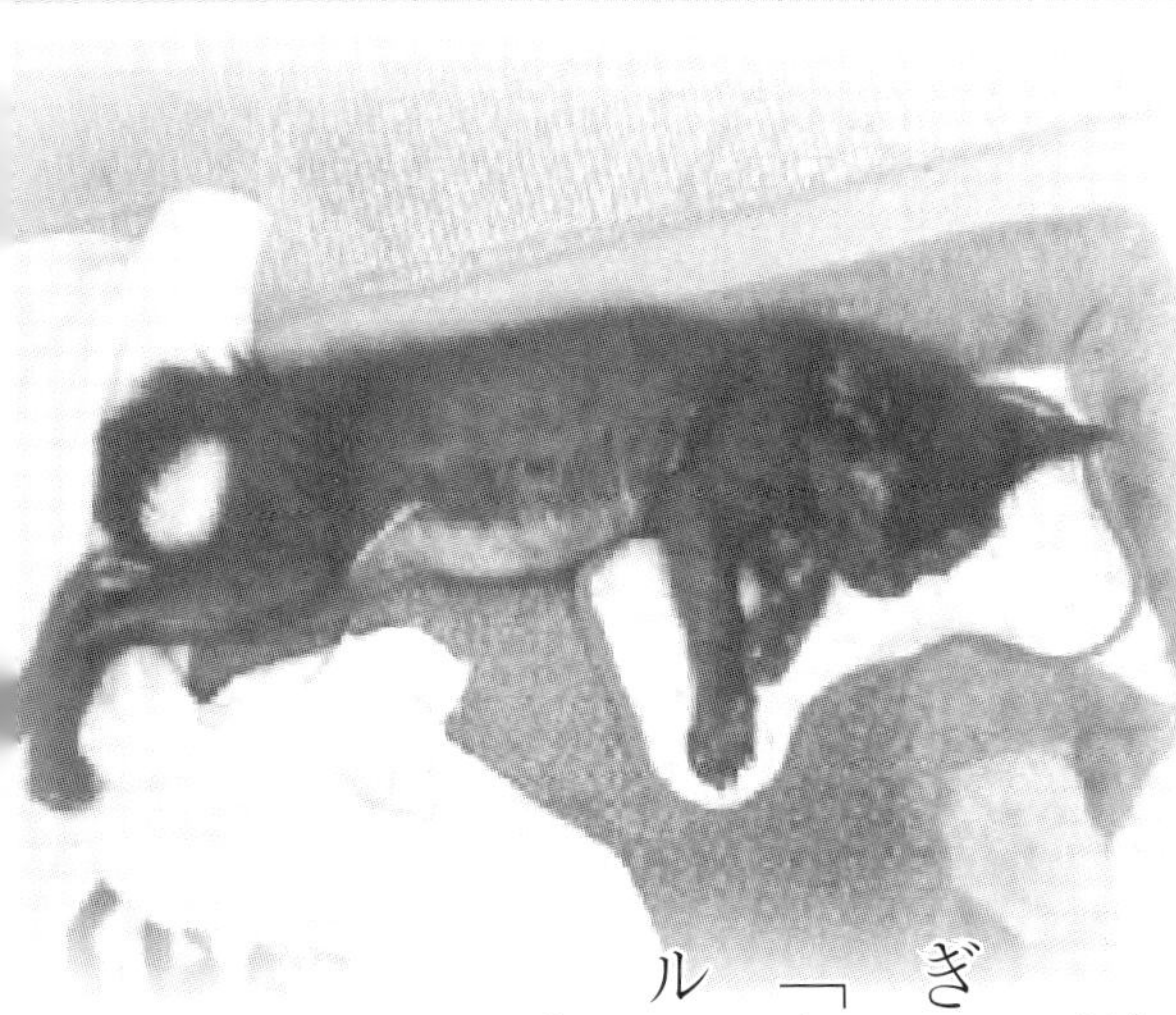

大丈夫《だいじょうぶ》ですよ」

お母《かあ》さんとさおりさんは、かわいい子猫《こねこ》たちを目《め》の前《まえ》にして、命《いのち》の尊《とうと》さと少《すこ》しの不安《ふあん》を感《かん》じながら、三匹《びき》の子猫《こねこ》といっしょに家《いえ》に帰《かえ》りました。

二人《ふたり》が家《いえ》に帰《かえ》るのを、弟《おとうと》の秀和《ひでかず》くんが今《いま》か今《いま》かと待《ま》っていました。

「お帰《かえ》りなさい。子猫《こねこ》は？　子猫《こねこ》はどこどこ？」

車《くるま》をとめると、玄関《げんかん》から飛《と》び出《だ》してきて大《おお》さわぎです。

「ただいま。子猫《こねこ》はこの箱《はこ》の中《なか》よ。今《いま》ちょうどミルクの時間《じかん》だから、手伝《てつだ》ってちょうだいね」

そう言《い》いながらリビングに直行《ちょっこう》。おなかをすかせた子猫《こねこ》たちに「まった」はありません。すぐにお湯《ゆ》をわかし、先生《せんせい》が教《おし》えてくれたとおり、哺乳《ほにゅう》びんを用意《ようい》して三匹《びき》いっせいにミルクをあげます。哺乳《ほにゅう》びんをかかえて飲《の》む長男《ちょうなん》、すぐに飲《の》みほしおかわりをせがむ次男《じなん》、ツメを立《た》て手《て》にしがみつく末娘《すえむすめ》、三者《しゃ》三様《よう》です。

今度《こんど》は、飲《の》み終《お》わった子猫《こねこ》たちのおしりをトントンして、ウンチやおしっこを出《だ》さなければいけません。さおりさんも秀和《ひでかず》くんもおぼつかない手《て》つきでがんばっていると、ウンチがにょきにょきと出《で》てきました。

「やったぁ～、ウンチが出《で》てきたよ。あっ、おしっこも出《で》てきた」

はじめてにしては、二人《ふたり》ともじょうずです。

「ねえねえ、子猫《こねこ》の名前《なまえ》はどうする？」

さおりさんと秀和《ひでかず》くんが質問《しつもん》すると、お母《かあ》さんはこう答《こた》えます。

「そうね、もう少《すこ》し大《おお》きくなったら一匹《いっぴき》はうちの子《こ》にして、二匹《ひき》は里親《さとおや》さんを募集《ぼしゅう》しようと思《おも》っているの。だから名前《なまえ》は里親《さとおや》さんにつけてもらったほうがいいんじゃないかな」

「そっか……」

二人《ふたり》は少《すこ》しさびしそうにうなずきながら、子猫《こねこ》の寝《ね》ているすがたを見《み》ていました。

「だったら黒《くろ》い毛《け》だから『クロ』、シャムミックスだから『シャム』、グレーの毛《け》だから『グレ』はどう？　すぐわかるしあとで名前《なまえ》もかえやすいでしょう」

さおりさんがこう言《い》いました。

「そうね、わかりやすいからそうしましょう。それじゃ、名前《なまえ》も決《き》まったことだから、ミルクのローテーションを決《き》めておこうか。寝《ね》る前《まえ》、夜中《よなか》、朝《あさ》一番《ばん》、昼休《ひるやす》みはお母《かあ》さんね。学校《がっこう》に行《い》く前《まえ》、夕方《ゆうがた》、夕食後《ゆうしょくご》は二人《ふたり》で手分《てわ》けしてちょうだいね」

「オッケー、大丈夫《だいじょうぶ》、まかせといて」

こうして、家族《かぞく》みんなが子猫《こねこ》のお母《かあ》さんに大変身《だいへんしん》です。仮《かり》の名前《なまえ》でしたが、子猫《こねこ》たちは自分《じぶん》の名前《なまえ》を呼《よ》ばれると、わかっているかのようによちよちと歩《ある》いて来《き》て頭《あたま》をすりよせてくるのでした。

二〜三日《にち》たったある日《ひ》の朝《あさ》、三匹《びき》の子猫《こねこ》が下痢《げり》のウンチまみれになっていました。お母《かあ》さんが、大《おお》あわてで病院《びょういん》に連《つ》れて行《い》くと、コクシジウムという虫《むし》がおなかの中《なか》にすみついていて、悪《わる》さをしているとのことでした。

薬《くすり》を出《だ》してもらい、他《ほか》の二匹《ひき》はそれでよくなりましたが、クロだけはひどい下痢《げり》がつづいていました。そこで、もう一度《ど》病院《びょういん》に連《つ》れて行《い》きました。

「どうしてかなぁ〜。内臓《ないぞう》の吸収《きゅうしゅう》がよくないのかもしれませんね。それでは注射《ちゅうしゃ》をしましょう。大変《たいへん》でしょうが、一週間通《いっしゅうかんかよ》っていただけませんか？」

先生《せんせい》も首《くび》をかしげています。

お母《かあ》さんは、「注射《ちゅうしゃ》で治《なお》るのなら……」と一週間通《いっしゅうかんかよ》いましたが、実《じつ》はこれが大《おお》きな病気《びょうき》の前《まえ》ぶれだったということに、そのときはまったく気《き》づいていませんでした……。

クロの難病《なんびょう》

三匹《びき》の子猫《こねこ》はすくすくと成長《せいちょう》していました。

家族《かぞく》の誰《だれ》かを見《み》つけると、目《め》やにのなくなったクリクリとした目《め》で、「にゃあ～にゃあ～」と鳴《な》きながらついて来《き》ては甘《あま》えるのでした。

食事《しょくじ》はミルクから離乳食《りにゅうしょく》に切《き》りかわり、ドロドロした離乳食《りにゅうしょく》を与《あた》えると三匹《びき》ともペロペロとなめはじめましたが、クロだけがすぐにやめてしまいます。

「どうしたの、クロちゃん。おいしいよ。食《た》べてごらん」

クロは、クンクンとにおいをかいで、食《た》べたそうにはするのですが、ほ

ん の少《すこ》し食《た》べるとやめてしまうのです。

ミルクのほうがいいのかと、ミルクをお皿《さら》に入《い》れて与《あた》えたところ、やはり離乳食《りにゅうしょく》が気《き》になる様子《ようす》。どうやら、食《た》べたくても食《た》べることができないようなのです。

そのあとすぐのことでした。クロがまるでふん水《すい》のように体《からだ》があとずさりする勢《いきお》いで吐《は》き出《だ》しました。これはただごとではないと直感《ちょっかん》し、すぐに病院《びょういん》に連《つ》れて行《い》きました。

「カランカランカラン」

「先生《せんせい》、先生《せんせい》、大変《たいへん》なんです。クロがすごい勢《いきお》いで吐《は》き出《だ》しました」

「猫《ねこ》はよく吐《は》くことがありますが、ちょっと診察台《しんさつだい》の上《うえ》に」

先生《せんせい》は診察台《しんさつだい》のクロに聴診器《ちょうしんき》をあてながら、背中《せなか》の毛《け》を引《ひ》っぱったりしていました。

「ずいぶんやせてますね。他《ほか》の子《こ》より小《ちい》さいですか？」

「ええ、そうなんです。今《いま》まで一番大《ばんおお》きかったのに離乳食《りにゅうしょく》にかえてからあまり食《た》べなくなってしまって……。ときどき吐《は》くことはあっても、今日《きょう》のような吐《は》き方《かた》ははじめてです」

「点滴《てんてき》をして少《すこ》し様子《ようす》をみましょう。口《くち》からの吸収《きゅうしゅう》がよくないかもしれませんので、二～三日入院《にちにゅういん》してください」

けっきょく、クロは入院《にゅういん》することになってしまいました。さおりさんと秀和《ひでかず》くんは学校《がっこう》の帰《かえ》りに、お母《かあ》さんは仕事帰《しごとがえ》りに病院《びょういん》に立《た》ちよりクロの様子《ようす》を見《み》に行《い》きました。そして三日目《みっかめ》、お母《かあ》さんと秀和《ひでかず》くんでクロのおむかえに行《い》きました。

カランカランカラン。

「こんにちは」

お母《かあ》さんはカウンターの助手《じょしゅ》のお姉《ねえ》さんに、

「クロちゃんの具合《ぐあい》はどうですか、今日《きょう》連《つ》れて帰《かえ》ることができますか」

とたずねると、診察室《しんさつしつ》から先生《せんせい》がクロをだいて出《で》てきました。

「どうぞお入《はい》りください」

先生《せんせい》は少《すこ》し神妙《しんみょう》な面持《おもも》ちで話《はな》しはじめました。

「実《じつ》は、クロちゃんの内臓《ないぞう》の吸収《きゅうしゅう》が悪《わる》いのでおなかの中《なか》をくわしく調《しら》べてみたところ、巨大食道症《きょだいしょくどうしょう》という内臓《ないぞう》の重《おも》い病気《びょうき》が見《み》つかったのです」

「え、巨大食道症《きょだいしょくどうしょう》？」

先生《せんせい》は、二人《ふたり》にそう言《い》うと、クロのレントゲン写真《しゃしん》を見《み》ながらくわしく説明《せつめい》をしてくれました。

「レントゲン写真《しゃしん》で見《み》るとわかると思《おも》うのですが、クロちゃんの食道《しょくどう》はふつうの何倍《なんばい》もの太《ふと》さになっています。このせいで、食道《しょくどう》のぜんどう運動《うんどう》という、食《た》べものを胃《い》に送《おく》るために筋肉《きんにく》が広《ひろ》がったりちぢんだりする運動《うんどう》ができなくなっているのです」

お母《かあ》さんと秀和《ひでかず》くんは、まだ状況《じょうきょう》がうまく飲《の》み込《こ》めていないようでした。

先生《せんせい》は、ていねいに説明《せつめい》をつづけます。

「巨大食道症《きょだいしょくどうしょう》とは、そのために食《た》べたものや飲《の》んだものをじょうずに胃《い》に運《はこ》べず、すぐに吐《は》き出《だ》してしまい、栄養《えいよう》が足《た》りなくなって弱《よわ》ってしまう病《びょう》気《き》です。そして時《とき》には吐《は》き出《だ》した食《た》べものが気管《きかん》から肺《はい》に入《はい》り、肺炎《はいえん》をおこして命取《いのちと》りになることもあります。生《う》まれつきの場合《ばあい》と他《ほか》の病気《びょうき》が原因《げんいん》

となる場合《ばあい》とがあるのですが、クロちゃんの場合《ばあい》はたぶん生《う》まれつきのものだと思《おも》われます……」

「それは治《なお》る病気《びょうき》なのですか？」

お母《かあ》さんがとっさに質問《しつもん》しました。

「薬《くすり》や手術《しゅじゅつ》などで少《すこ》しよくすることもできますが、完全《かんぜん》に治《なお》すことはむずかしいです。また、栄養《えいよう》のある流動食《りゅうどうしょく》を少《すこ》しずつ何度《なんど》も与《あた》えるなど食事《しょくじ》の工夫《くふう》をすることでも症状《しょうじょう》がよくなることもありますが、これもむずかしいと思《おも》います」

「そうですか……」

「かわいそうですが、多分《たぶん》この子《こ》はそう長《なが》くは生《い》きられないと思《おも》います。長《なが》くて半年《はんとし》。私《わたし》もほとんどみたことのない病気《びょうき》です。私《わたし》としてはせっかく娘《むすめ》さんが助《たす》けた命《いのち》、育《そだ》ててほしいのですが……。とてもむずかしいと思《おも》いますので、よく考《かんが》えてくださ
い」

先生《せんせい》は、低《ひく》い声《こえ》でゆっくりかみしめるように説明《せつめい》しました。

二人《ふたり》はだまって先生《せんせい》のうでの中《なか》でねむっているクロを見《み》つめていましたが、お母《かあ》さんがゆっくり口《くち》を開《ひら》きました。

「もしもですよ、もしも私《わたし》たちが育《そだ》てるのはむずかしいと判断《はんだん》した場合《ばあい》、クロちゃんはどうなるのでしょうか」

そうたずねると先生《せんせい》は両手《りょうて》をにぎりしめながら、こう答《こた》えました。

「そうですね、この子《こ》の命《いのち》は親猫《おやねこ》が大事《だいじ》に育《そだ》てていたとしても、自然淘汰《しぜんとうた》されていたかもしれません。その意味《いみ》で、命《いのち》を人間《にんげん》の手《て》にゆだねる……安《あん》

楽死《らくし》も考《かんが》えの一《ひと》つです。けれども私個人《わたしこじん》の気持《きも》ちとして、『この子《こ》を最後《さいご》まで生《い》きさせてあげたい』と思《おも》っているのも事実《じじつ》です」

先生《せんせい》の心《こころ》もゆれているようでした。しかし、お母《かあ》さんも秀和《ひでかず》くんも先生《せんせい》に体《からだ》をなでてもらいながらねむっているクロを見《み》ると、安楽死《あんらくし》を選《えら》ぶことはとてもできませんでした。しばらく静《しず》かな時間《じかん》が流《なが》れました。

その静《しず》けさをやぶるように、お母《かあ》さんがとつぜん口《くち》を開《ひら》きました。

「連《つ》れて帰《かえ》ります。私《わたし》たち家族《かぞく》でできるだけのことをします。ですから病《びょう》気《き》のこと、対処《たいしょ》の仕方《しかた》をくわしく教《おし》えてくださいませんか」

「あっ、ありがとうございます。私《わたし》も協力《きょうりょく》します。病気《びょうき》のことなどいろいろ調《しら》べてみますのでがんばりましょう」

先生《せんせい》は、ちょっとビックリしながらもうれしそうにお母《かあ》さんにクロをそっとわたしました。そしてお母《かあ》さんがやさしくなでると、クロは気持《きも》ちよさそうにのどをゴロゴロと鳴《な》らしながら「にゃぁぁー」と鳴《な》きました。するとピンとはりつめていた空気《くうき》が、一瞬《いっしゅん》でやわらかい空気《くうき》に変《か》わりました。その場《ば》にいた誰《だれ》もがみんな笑《わら》っていました。

お母《かあ》さんと秀和《ひでかず》くんは、さっそく先生《せんせい》と助手《じょしゅ》のお姉《ねえ》さんに病気《びょうき》についてやごはんの与《あた》え方《かた》などを細《こま》かく教《おし》えてもらいました。

その中《なか》で、一番大切《ばんたいせつ》なのは「毎日《まいにち》の食事《しょくじ》の食《た》べさせ方《かた》」でした。

まず、なるべくスムーズに食道《しょくどう》を通《とお》るような高《こう》カロリーの流動食《りゅうどうしょく》を用意《ようい》します。これを注射器《ちゅうしゃき》で少《すこ》しずつ与《あた》えます。そして、食《た》べている間《あいだ》や食後《しょくご》しばらくはなるべく食道《しょくどう》を垂直《すいちょく》に保《たも》ち、食道《しょくどう》に食《た》べものをたまりにくくしなければなりません。

そのコツとして、ごはんを食《た》べさせるとき、階段《かいだん》のとちゅうに食器《しょっき》を置《お》いて後足《うしろあし》より前足《まえあし》が高《たか》くなるようにしたり、首《くび》の後《うし》ろをつかんで立《た》たせながらごはんを食《た》べさせるといった工夫《くふう》をします。また食後《しょくご》しばらくは人《ひと》がたてにだっこすると、胃《い》に食《た》べものが流《なが》れやすくなるとのことでした。

話《はなし》を聞《き》いているうちに、「ちゃんとできるのだろうか……」と、お母《かあ》さんはだんだん不安《ふあん》になってきました。

「先生《せんせい》、わからないことや心配《しんぱい》なことがあったらすぐに来《き》てもよろしいでしょうか？」

そう先生《せんせい》にお願《ねが》いすると、

「もちろん、来《き》てください。電話《でんわ》でもいいですよ」

先生《せんせい》は、笑《わら》って答《こた》えてくれたのです。

先生《せんせい》とお姉《ねえ》さんにお礼《れい》を言《い》って、二人《ふたり》がクロをだいて帰《かえ》ろうとすると、先生《せんせい》が二人《ふたり》を呼《よ》びとめました。

「この子《こ》は、生《う》まれながらとても人間《にんげん》が好《す》きなようです。どんなに痛《いた》い検《けん》査《さ》をしてもじっとがまんしています。なぜか私《わたし》たち人間《にんげん》を信用《しんよう》して、私《わたし》たちに命《いのち》をゆだねていることをわかっているのでしょう。けなげな子《こ》ですので、よろしくお願《ねが》いします」

そう言《い》って、先生《せんせい》は静《しず》かにクロの頭《あたま》をなでました。

家《いえ》に帰《かえ》ると、さおりさんが心配《しんぱい》そうにシャムとグレをだっこして待《ま》っていました。

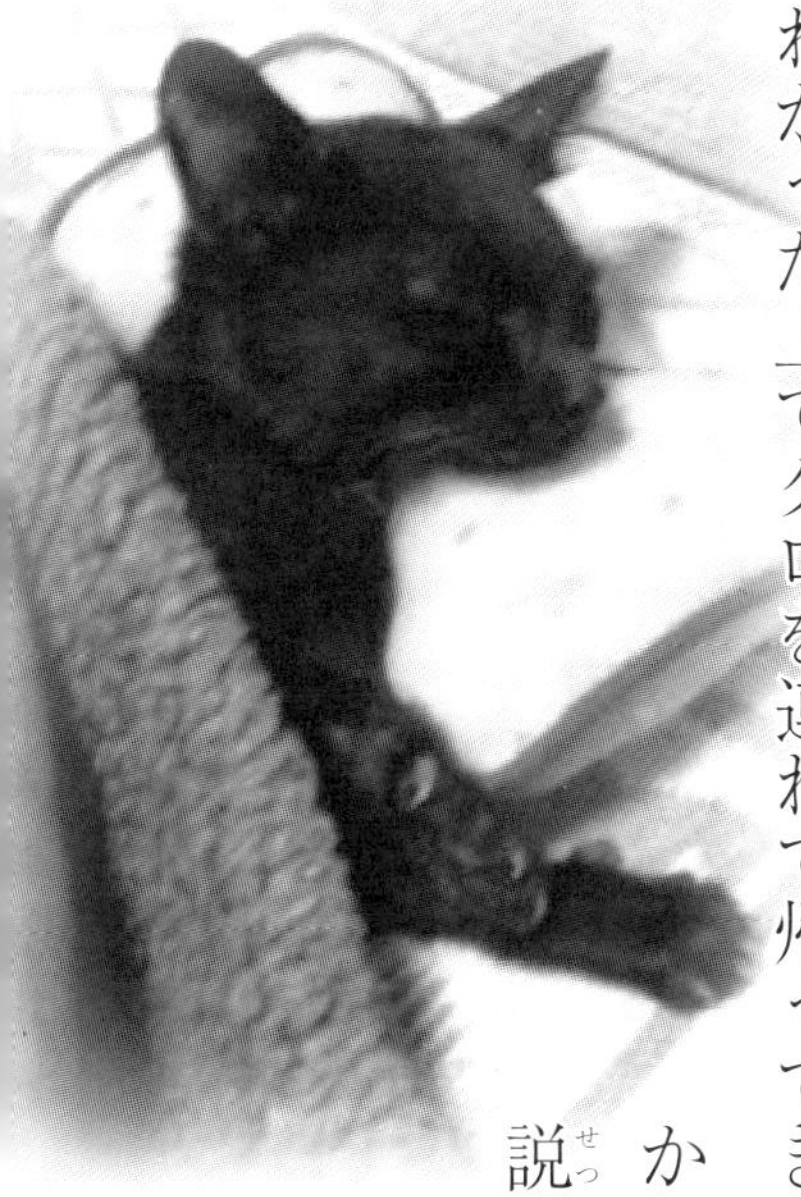

「お帰《かえ》りなさい。クロちゃんはどうだった？」

「連《つ》れて帰《かえ》って来《き》たよ。いろいろあったんで、最初《さいしょ》から説明《せつめい》するね」

リビングでクロをおろすと、心配《しんぱい》そうにシャムとグレがそばに行《い》ってクロの毛《け》づくろいをはじめました。クロは気持《きも》ちよさそうに目《め》をつむり、うとうとしています。

「あのね、クロは巨大食道症《きょだいしょくどうしょう》という重《おも》い病気《びょうき》なの……」

クロの病気《びょうき》が命《いのち》に関《かか》わるものであること、その世話《せわ》がとても大変《たいへん》であること、それでも長《なが》く生《い》きられる可能性《かのうせい》がかなり低《ひく》いこと、それらすべてをわかった上《うえ》でクロを連《つ》れて帰《かえ》ってきたこと……お母《かあ》さんはたったいま先生《せんせい》から聞《き》いた話《はなし》をゆっくりとさおりさんに説明《せつめい》しました。すると、さおりさんの目《め》に涙《なみだ》があふれてきました。

「どうして？　どうして、クロちゃんばっかりつらい思《おも》いをするの……」

「この子《こ》は自然《しぜん》に親元《おやもと》で育《そだ》っていたら淘汰《とうた》される命《いのち》だったかもしれない……そう先生《せんせい》もおっしゃっていたけれど、お母《かあ》さんもそう思《おも》うの。人間《にんげん》の手《て》によって一度《ど》は捨《す》てられた命《いのち》だけれど、人間《にんげん》の手《て》にゆだねられた命《いのち》だから、私《わたし》たちができるだけのことをしてみようよ」

「そうだね、がんばろうよ。お母《かあ》さん、お父《とう》さん、秀和《ひでかず》そして私《わたし》。四人《にん》もクロの母《かあ》さんがいるんだから、きっと大丈夫《だいじょうぶ》だよね」

だまって二人《ふたり》の話《はなし》を聞《き》いていた秀和《ひでかず》くんも、深《ふか》くうなずきました。

三人《にん》の気持《きも》ちが一《ひと》つになっていったとき、とつぜんさおりさんがこう言《い》いました。

「あのね、最初《さいしょ》『子猫《こねこ》たちが少《すこ》し大《おお》きくなったら里親《さとおや》さんを探《さが》す』と言《い》ってたでしょう。でも、クロちゃんは病気《びょうき》で、シャムちゃんの片目《かため》もなかなか治《なお》らないし、グレちゃんは食《しょく》が細《ほそ》くて大《おお》きくならないし……」

お母《かあ》さんと秀和《ひでかず》くんは、さおりさんの次《つぎ》の言葉《ことば》を待《ま》っています。

「だから、みんなうちの子《こ》にしようよ。クロちゃんも兄弟《きょうだい》がいたほうがいいと思《おも》うよ」

「そうね、みんなが手助《てだす》けしてくれるのなら、クロちゃんのためになるかもしれないしね。そうしようか？」

さおりさんがそう言《い》うと、お母《かあ》さんはすぐに賛成《さんせい》しました。もちろん、秀和《ひでかず》くんにも反対《はんたい》する理由《りゆう》はありません。

さおりさんは、そうと決《き》まれば……とうきうきしながら三匹《びき》の名前《なまえ》を考《かんが》えはじめました。

「クロはクロでいいでしょう。シャムは言《い》いにくいからチャムでどう？

グレは……どうしようか」

「グレはたくさんミミー（※）を飲《の》むようにって、ミミはどうかな？」

もりあがるお母《かあ》さんとお姉《ねえ》さんを見《み》ながら、病院《びょういん》では何《なに》も話《はな》すことができなかった秀和《ひでかず》くんが、やっと口《くち》を開《ひら》きました。

「ちょっとかんたんすぎるなぁ。でも三匹《びき》は今日《きょう》から山岡《やまおか》クロ・山岡《やまおか》チャム・山岡《やまおか》ミミだな」

その顔《かお》は、今日《きょう》一番《ばん》の笑顔《えがお》でした。

※ミミー＝ミルクの商品名

難病《なんびょう》とのたたかい

こうして、三匹《びき》の子猫《こねこ》は山岡家《やまおかけ》の新《あたら》しい家族《かぞく》になりました。しかし、これからが大変《たいへん》です。難病《なんびょう》のクロの世話《せわ》だけでも大変《たいへん》なところに、まだまだ小《ちい》さなチャムとミミを育《そだ》てなければいけないからです。

クロは、病気《びょうき》のために下《した》を向《む》いて食《た》べたり飲《の》んだりしたものが胃《い》にじょうずに運《はこ》べません。ですから、食事《しょくじ》のたびにいやがるクロを二本《ほん》足《あし》で立《た》たせ、ミルクや流動食《りゅうどうしょく》を注射器《ちゅうしゃき》で口《くち》に入《い》れ、胃《い》まで流《なが》し込《こ》まないといけないのです。そのとき、流動食《りゅうどうしょく》は消化《しょうか》しやすいようにサラサラにしなければなりません。また、一度《ど》に食《た》べられる分量《ぶんりょう》も限《かぎ》られていますから、少量《しょうりょう》でできるだけ栄養《えいよう》の高《たか》いものを一日《にち》に何度《なんど》も何度《なんど》も食《た》べさせなければならないのです。

食《た》べさせたあとも一苦労《ひとくろう》です。食後《しょくご》しばらくの間《あいだ》は、胃《い》に食《た》べものが流《なが》れやすくするようにたてにだっこしたり、洋服《ようふく》のフードの中《なか》にクロを立《た》たせクロを「おんぶ」するようにしなければならないのです。

そんな無理《むり》なカッコで子猫《こねこ》のクロがおとなしくしているはずがなく、食《しょく》事《じ》のたびに二本足《ほんあし》で立《た》つことをいやがって、逃《に》げ出《だ》すこともたびたびありました。

「ねえ、お母《かあ》さん。箱《はこ》を階段《かいだん》のようにしてクロを立《た》たせたらどうかなあ？」

「そうね、クロちゃんの身長《しんちょう》と同《おな》じ高《たか》さの箱《はこ》に入《い》れて立《た》たせたらどう？」

家族《かぞく》みんなで、クロが食《た》べやすい姿勢《しせい》を工夫《くふう》してみたり、できるだけ栄《えい》養《よう》の高《たか》い流動食《りゅうどうしょく》がとれるよう、クロの食事《しょくじ》についていろいろ試《ため》してみました。そして何《なん》とかクロが好《この》んで食《た》べてくれる流動食《りゅうどうしょく》を見《み》つけ、少《すこ》しずつでも食《た》べることができるようになったのです。

チャムとミミはミルクから離乳食《りにゅうしょく》そしてドライフードと順調《じゅんちょう》に育《そだ》ち、クロよりも二回《ふたまわ》りほど大《おお》きくなりました。しかし、二匹《ひき》は相変《あいか》わらず小《ちい》さなクロをお兄《にい》さんと慕《した》い、毛《け》づくろいをしたりしていつもよりそっていたのです。

ある日《ひ》のこと、クロは少《すこ》しドロドロした流動食《りゅうどうしょく》を胃《い》に運《はこ》ぶことができず、小《ちい》さな体《からだ》をふるわせながら何度《なんど》も何度《なんど》も吐《は》き、ぐったりしたと思《おも》ったら急《きゅう》にバッタリと倒《たお》れ、動《うご》かなくなってしまいました。

「どうしたのクロちゃん。お願《ねが》いだから目《め》を開《あ》けて」

お母《かあ》さんとさおりさんは、あわてて病院《びょういん》にかけ込《こ》みました。

「先生助《せんせいたす》けてください。クロちゃんが吐《は》いたあと急《きゅう》に倒《たお》れて……」

「すぐに診察室《しんさつしつ》に入《はい》ってください」

先生《せんせい》は、診察台《しんさつだい》に寝《ね》かされたクロに慎重《しんちょう》に聴診器《ちょうしんき》をあて、おなかを何度《なんど》もさすりました。クロのおなかはパンパンにはれあがり、息《いき》が乱《みだ》れて苦《くる》しそうです。

「きっと少《すこ》し形《かたち》のある流動食《りゅうどうしょく》だったので、かむときにおなかに空気《くうき》が入《はい》ったんだと思《おも》います。空気《くうき》がぬけず苦《くる》しむようでしたら、おなかに小《ちい》さな穴《あな》を開《あ》けるしかないでしょう。しないですめばいいのですが……」

「えっ、おなかに穴《あな》……？　おなかをさすって少《すこ》しずつでも空気《くうき》がぬければ何《なん》とかなりますか」

「わかりませんが、穴《あな》を開《あ》けるのは最後《さいご》の手段《しゅだん》です」

「穴《あな》は開《あ》けないでください。おなかをさすってがんばってみます」

お母《かあ》さんとさおりさんは、そう言《い》ってクロを連《つ》れて帰《かえ》りました。そして、「がんばれ、がんばれ」とつぶやきながら、一晩中《ひとばんじゅう》おなかをさすりつづけたのです。

次《つぎ》の日《ひ》の明《あ》け方《がた》。クロは、よろよろと立《た》ちあがると、ゲボッと吐《は》きました。そのとたん、おなかの空気《くうき》がなくなったようで、息《いき》づかいがおちついてきたのです。
「よかった。助《たす》かった」
お母《かあ》さんとさおりさんは、同《おな》じ気持《きも》ちで顔《かお》を見合《みあ》わせました。

クロはこの日《ひ》だけでなく、何度《なんど》もこういった症状《しょうじょう》をおこし、そのたびに家族《かぞく》は協力《きょうりょく》して看護《かんご》してきました。

「おはよう。今《いま》、クロちゃんに20シーシー飲《の》ませたからあとお願《ねが》いね。お昼休《ひるやす》みはお母《かあ》さんが帰《かえ》って来《く》るから」

お母《かあ》さんが言《い》うと、今度《こんど》はさおりさんが、

「私《わたし》、今日《きょう》は帰《かえ》りがおそいから、夕方《ゆうがた》は秀和《ひでかず》お願《ねが》いね。夕食後《ゆうしょくご》は私《わたし》ね」

「わかった。まかせといて」

するとお父《とう》さんまで、

「今日《きょう》は帰《かえ》りがおそくなりそうだから、夜《よる》はお父《とう》さんがするよ」

と言《い》うような具合《ぐあい》です。

クロはもちろんのこと、チャムやミミも、そんな家族《かぞく》からの愛情《あいじょう》に必死《ひっし》にこたえているようでした。毎朝《まいあさ》、家族《かぞく》が出《で》かけるときは、さびしそうに三匹《びき》そろって玄関《げんかん》にすわってお見送《みおく》りです。

「じゃあ、クロ、チャム、ミミ、行《い》ってくるからね」

玄関《げんかん》のとびらがしまるやいなや、三匹《びき》は出窓《でまど》まで走《はし》って行《い》ってさびしそうに窓《まど》から外《そと》をながめ、家族《かぞく》のすがたが見《み》えなくなるまで見《み》つめているのです。

「ただいま。クロ、チャム、ミミ」

待《ま》ちに待《ま》ったさおりさんが学校《がっこう》から帰《かえ》ると、まずはクロがどこにいても何《なに》をしていても小《ち》さな体《からだ》をゆらしながら、大急《おおいそ》ぎで走《はし》って来《き》ます。そして「にゃあぁ〜」と言《い》ってうれしそうに体《からだ》をすりよせてきます。そのあと、チャムとミミがクロの後《うし》ろから「にゃああ〜」と返事《へんじ》をするのです。弟妹猫《おとうといもうとねこ》は、お兄《にい》さんを立《た》てているかのようです。

「クロちゃん、ごはんにしようか」

「にゃああ〜にゃああ〜」

さおりさんがこう言《い》うと、クロはうれしそうにさおりさんを見《み》あげて返《へん》事《じ》をします。体調《たいちょう》がいいときは注射器《ちゅうしゃき》を使《つか》わないで、高《たか》くしたお皿《さら》から流《りゅう》動食《どうしょく》を飲《の》むこともできるようになりました。

クロはさおりさんといっしょに寝《ね》るのが大好《だいす》きで、夜《よる》になるとさおりさんの枕《まくら》の横《よこ》にちょこんとすわり、さおりさんが来《く》るのを待《ま》っているのがお決《き》まりになっていました。

「クロちゃん、ねんねするよ」

さおりさんが声《こえ》をかけると、

「にゃああ〜にゃああ〜」

と鳴《な》きながらふとんの中《なか》にもぐり込《こ》み、さおりさんのうでの中《なか》でまるくなって寝《ね》るのです。ふとんの中《なか》でさおりさんはクロに話《はな》しかけました。

「あのね、クロちゃん。私《わたし》ね、小《ちい》さいころから学校《がっこう》の先生《せんせい》になるのが夢《ゆめ》だったの。来年《らいねん》は受験生《じゅけんせい》だから、もっともっとがんばらないといけないの。だから、クロちゃんもおうえんしてね。おやすみなさい」

クロはさおりさんの顔《かお》をペロペロとなめながら、

「にゃぁぁ〜（がんばってね。おうえんしてるよ）」

と鳴《な》くのでした。

さおりさんの受験《じゅけん》

夏休《なつやす》みが終《お》わり、二学期《がっき》がはじまりました。

さおりさんは、これまでの受験勉強《じゅけんべんきょう》に子猫《こねこ》たちの世話《せわ》が加《くわ》わり、今《いま》まで以上《いじょう》にいそがしい日々《ひび》を送《おく》るようになりました。

この時期《じき》のさおりさんの生活《せいかつ》ですが、早朝学習《そうちょうがくしゅう》のために少《すこ》し早《はや》めに学校《がっこう》に行《い》きます。それからふだんの授業《じゅぎょう》を受《う》け、そのあと一息《ひといき》つくひまもなく放課後学習《ほうかごがくしゅう》……と一日中勉強《にちじゅうべんきょう》づけでした。

けれど、そんなさおりさんをいやしてくれたのは、家《いえ》に帰《かえ》ると大急《おおいそ》ぎでかけよって来《く》るクロ、チャム、ミミの三匹《びき》の出《で》むかえでした。

「ただいま～クロ、チャム、ミミ」

「お帰《かえ》りなさい、おつかれさん。昨日《きのう》おそくまで部屋《へや》の明《あ》かりがついていたけど大丈夫《だいじょうぶ》？　寝不足《ねぶそく》じゃない？」

三匹《びき》といっしょにお母《かあ》さんも出《で》てきました。お母《かあ》さんは、ここのところさおりさんが勉強《べんきょう》と看護《かんご》を両立《りょうりつ》させようと、少《すこ》し無理《むり》をしているのではないかと心配《しんぱい》していたのです。

「ううん、大丈夫《だいじょうぶ》だよ」

さおりさんは首《くび》を振《ふ》り、笑《わら》ってそう答《こた》えました。

「クロちゃん、ごはんにしようか」

「にゃああ～にゃああ～」

さおりさんは部屋《へや》に入《はい》ると、クロをやさしくだっこして鼻《はな》と鼻《はな》であいさつしました。二人《ふたり》の上《うえ》にやさしい時間《じかん》がゆっくり流《なが》れていきます。

そんな生活《せいかつ》が何日《なんにち》かつづいたある日《ひ》のことでした。

「プルプル、プルプルプルプル」

お母《かあ》さんが仕事《しごと》から帰《かえ》ると、すぐに電話《でんわ》が鳴《な》りひびきました。あわてて受話器《じゅわき》を取《と》ると、さおりさんの担任《たんにん》の先生《せんせい》からでした。あいさつもそこそこに、先生《せんせい》は少《すこ》し言《い》いにくそうに本題《ほんだい》に入《はい》りました。

「実《じつ》はさおりさんの体調《たいちょう》の件《けん》なのですが……。最近何《さいきんなに》かありましたか？」

「えっ？」

「さおりさん、最近早朝学習《さいきんそうちょうがくしゅう》も休《やす》みがちで、授業中《じゅぎょうちゅう》もボーっとして体調《たいちょう》が思《おも》わしくないようなのです。そこで、今日《きょう》の放課後本人《ほうかごほんにん》に聞《き》いてみたのですが、子猫《こねこ》が病気《びょうき》だからと言《い》うのです。気持《きも》ちはわかりますが、授業《じゅぎょう》に集中《しゅうちゅう》するようお母《かあ》さんからも言《い》ってもらえませんでしょうか」

予感的中《よかんてきちゅう》！

「確《たし》かに猫《ねこ》を三匹拾《びきひろ》って来《き》まして、子猫《こねこ》の世話《せわ》におわれていたものですから……。私《わたし》のほうから本人《ほんにん》によく言《い》って聞《き》かせますので。ご心配《しんぱい》をおかけしてすみませんでした」

カチャリ。

「はぁ〜」

お母《かあ》さんは受話器《じゅわき》を置《お》くと、一《ひと》つ深《ふか》いため息《いき》をつきました。足元《あしもと》に目《め》をやると、クロが心配《しんぱい》そうに見《み》あげて「にゃあ〜」と鳴《な》いています。

「大丈夫《だいじょうぶ》よ、誰《だれ》も悪《わる》くないものね」

お母《かあ》さんはクロをだきあげ、そう言《い》いました。

その夜《よる》、お母《かあ》さんは夕食《ゆうしょく》をすませ子猫《こねこ》三匹《びき》と遊《あそ》んでいるさおりさんに、ゆっくり話《はな》しかけました。

「あのね、今日《きょう》学校《がっこう》の先生《せんせい》から電話《でんわ》もらったの。さおりのこと、とっても心配《しんぱい》されていたわよ。体調《たいちょう》が悪《わる》いんじゃないかって。さおりの気持《きも》ちはわかるけれど、無理《むり》はよくないわね。体調《たいちょう》が悪《わる》いとクロの看護《かんご》もできなくなるし授業《じゅぎょう》もおろそかになるし……。それに一番《ばん》心配《しんぱい》なのはさおりの体《からだ》だわ」

「…………」

「お母《かあ》さん、さおりの気持《き》ちもよくわかるわよ。でも、先生《せんせい》が心配《しんぱい》してくださっているのもよくわかるし、ありがたいと思《おも》ってるわ」

「でも、クロのことが心配《しんぱい》で……。でも、ちょっと無理《むり》しちゃったかな。ごめんなさい」

「じゃあ、今夜《こんや》はお母《かあ》さんがミルク当番《とうばん》をしてクロといっしょに寝《ね》るから、さおりはゆっくり寝《ね》なさい。これからは一人《ひとり》でがんばらないで、みんなでできることをしようね」

「うん、わかった。ありがとう、お母《かあ》さん」

こうして暑《あつ》い夏《なつ》は過《す》ぎて行《い》きました。

庭《にわ》のコスモスがゆれる秋《あき》になりました。

そのころになると、チャムとミミはミルクから離《り》乳食《にゅうしょく》に切《き》りかわり、すくすくと大《おお》きくなりました。

しかし、クロの体《からだ》は小《ちい》さいままでした。

クロはその小《ちい》さい体《からだ》で、ずっと病気《びょうき》とたたかっていました。ある日《ひ》のこと、食事中《しょくじちゅう》に何度《なんど》も吐《は》きがつづくことがありました。やがて脱水症状《だっすいしょうじょう》になり、ぐったりと横《よこ》たわったまま鳴《な》くこともできません。そこで、あわてて病院《びょういん》にかけ込《こ》みました。

「できるだけ長《なが》い時間点滴《じかんてんてき》を入《い》れたほうが回復《かいふく》が早《はや》い」という先生《せんせい》の判断《はんだん》で、朝《あさ》から夜《よる》おそくまで点滴《てんてき》をつづけてもらいました。その日《ひ》は、夕方《ゆうがた》まではお母《かあ》さん、そのあとはさおりさんが学校帰《がっこうがえ》りに病院《びょういん》に立《た》ちより、夜《よる》おそくまでつきそいました。そのかいあって、クロは目《め》を開《あ》け、さおりさんの顔《かお》を見《み》て「にゃぁぁ～」と鳴《な》いたのです。

「少《すこ》し元気《げんき》が出《で》てきたみたいね。よかった」

先生《せんせい》はそう言《い》うと、クロの細《ほそ》い前足《まえあし》から点滴《てんてき》の針《はり》をぬきました。

「クロ、おうちに帰《かえ》ろうね」

さおりさんはクロを毛布《もうふ》にくるみ、病院《びょういん》の前《まえ》で車《くるま》を待《ま》ちながら空《そら》を見《み》あげました。高《たか》い空《そら》にきれいなお月《つき》さまがぽっかりうかんでいました。

🐾 🐾

そして秋《あき》が過《す》ぎ、こがらしが吹《ふ》く寒《さむ》い冬《ふゆ》になりました。

クロは他《ほか》の猫《ねこ》とくらべて体毛《たいもう》が少《すく》ないので、体温《たいおん》が保《たも》てずいつもブルブルふるえていました。そこで、心配《しんぱい》に思《おも》ったお母《かあ》さんは、クロを先生《せんせい》にみせることにしました。

「こんにちは、クロちゃん」

先生《せんせい》がクロに話《はな》しかけると、クロはゴロゴロとのどを鳴《な》らし、うれしそうに頭《あたま》を先生《せんせい》のうでにすりつけました。

「元気《げんき》そうでよかったわ。歓迎《かんげい》してくれるのはうれしいけれど、ゴロゴロの音《おと》が大《おお》きくて、聴診器《ちょうしんき》をあててもおなかの音《おと》が聞《き》き取《と》れにくいわ」

先生《せんせい》は笑《わら》って言《い》いました。お母《かあ》さんは、さっそく先生《せんせい》に心配《しんぱい》な点《てん》をうったえました。

「先生《せんせい》、どうしてクロちゃんの体毛《たいもう》は少《すく》ないのでしょうか。特《とく》におなかや内《うち》もものあたりがうすくて寒《さむ》そうなんですが」

「いろいろ調《しら》べてみたのですが、巨大食道症《きょだいしょくどうしょう》はホルモンが原因《げんいん》（甲状腺機《こうじょうせんき》能低下症《のうていかしょう》）で発病《はつびょう》することもあるようです。そのため体毛《たいもう》も少《すく》ないのかもしれませんね。甲状腺《こうじょうせん》ホルモンをおぎなうことによって症状《しょうじょう》がおちつくかもしれませんので、出《だ》しておきましょうね」

原因《げんいん》がわかったようで、お母《かあ》さんはホッとしました。

「クロちゃん、がんばったね」

先生《せんせい》はそう言《い》いながらクロの頭《あたま》をなでると、ゴロゴロとまた大《おお》きな音《おと》が鳴《な》り出《だ》しました。診察室《しんさつしつ》にみんなの笑《わら》い声《ごえ》があふれました。

家《いえ》に帰《かえ》ったお母《かあ》さんは、くつ下《した》をリフォームしてクロ専用《せんよう》の小《ちい》さな服《ふく》を作《つく》ると、さっそく着《き》せてあげました。

「うぁ〜かわいい。じゃあ二着目《ちゃくめ》は私《わたし》が作《つく》るね」

「え〜ボタンつけもうまくできないお姉《ねえ》ちゃんが作《つく》れるかなぁ」

さおりさんがそう言《い》うと、すかさずお母《かあ》さんがつっこみます。

「にゃぁぁ〜にゃぁぁ〜」

さおりさんにだかれていたクロが「大丈夫《だいじょうぶ》、作《つく》れるよ」と、鳴《な》いているようでした。

あたたかい日《ひ》ざしが窓辺《まどべ》に集《あつ》まる春《はる》になりました。さおりさんは高校《こうこう》三年《ねん》、秀和《ひでかず》くんは高校《こうこう》一年《ねん》に進級《しんきゅう》しました。

いよいよ受験生《じゅけんせい》になったさおりさんは、今《いま》まで以上《いじょう》に時間《じかん》におわれるようになりました。学校《がっこう》から帰《かえ》る時間《じかん》もおそく、クロたちと過《す》ごす時間《じかん》が少《すく》なくなり、さおりさんもクロもさびしい日《ひ》がつづいていました。

そんなある日《ひ》のこと。

クロが、真夜中《まよなか》に寝床《ねどこ》からぬけ出《だ》したのです。トコトコと歩《ある》き出《だ》したと思《おも》えば、たどりついたのはさおりさんの部屋《へや》の明《あ》かりがもれるドアの前《まえ》。そこにちょこんとすわると、「にゃぁぁ〜にゃぁぁ」とドアが開《ひら》くまで鳴《な》いていました。

「えっ、クロの鳴《な》き声《ごえ》？」

夜《よる》おそくまで受験勉強《じゅけんべんきょう》をしていたさおりさんが、あわててドアを開《ひら》きます。すかさず、クロはトコトコと部屋《へや》の中《なか》に入《はい》って来《き》ました。

「クロちゃん、お母《かあ》さんとねんねしなさい。かぜ引《ひ》いちゃうわよ」

クロをだきあげながらさおりさんがそう言《い》うと、クロはさおりさんの顔《かお》をペロペロとなめながら「にゃあぁ～にゃあぁ～」とうったえます。まるで「いっしょにいたいよ～」と言《い》っているようでした。

「しょうがないなぁ……」

さおりさんはそう言《い》いながらも、うれしそうにクロをひざに寝《ね》かせると、いっしょに勉強《べんきょう》をつづけました。

またある日《ひ》のこと。秀和《ひでかず》くんが学校《がっこう》から帰《かえ》ってくると、いつも玄関《げんかん》に出《で》てくるはずのクロが見《み》あたりません。

「クロがいない！」

秀和《ひでかず》くんが大《おお》さわぎをしていると、階段《かいだん》をトコトコ下《お》りる音《おと》がします。秀和《ひでかず》くんが振《ふ》り向《む》くと、なんとクロでした。クロはこれまで階段《かいだん》を自力《じりき》で上《のぼ》り下《お》りできなかったので、秀和《ひでかず》くんもまさかクロが二階《かい》にいるとは思《おも》わなかったのです。このころのクロは、少《すこ》しずつ活発《かっぱつ》に動《うご》くようになって階段《かいだん》を上《のぼ》るようになり、家族《かぞく》みんなをビックリさせました。

クロはこのころには少《すこ》しずつ食《た》べる量《りょう》が増《ふ》え、体重《たいじゅう》も800グラムになりました。しかし、その分《ぶん》吐《は》く回数《かいすう》も多《おお》くなってしまったのです。

ある日《ひ》のこと、クロは吐《は》いたものを気管《きかん》に吸《す》い込《こ》んで肺炎《はいえん》をおこしてしまいました。すぐに病院《びょういん》で点滴《てんてき》を受《う》け処置《しょち》をしてもらいましたが、今回《こんかい》はなかなかよくなりません。

細《ほそ》い前足《まえあし》に点滴《てんてき》の針《はり》をさされ、ぐったりしているクロのすがたはあまりにも痛々《いたいた》しく、以前《いぜん》先生《せんせい》から言《い》われた「あと半年《はんとし》」という言葉《ことば》が家族《かぞく》の頭《あたま》の中《なか》によみがえりました。もう、その半年《はんとし》はとっくに過《す》ぎています。

「一番《ばん》悲《かな》しいことがあるかもしれない……」

さおりさんは、一番《ばん》考《かんが》えたくなかったであろうことを覚悟《かくご》しました。その上《うえ》で、毎日学校帰《まいにちがっこうがえ》りにいのるような思《おも》いで病院《びょういん》に立《た》ちより、クロへのつきそいをつづけたのです。

すると、いのりが通《つう》じたのでしょうか。数日後《すうじつご》、クロの熱《ねつ》が下《さ》がりはじめました。そして、流動食《りゅうどうしょく》を食《た》べられるまでになったのです。

そこで先生《せんせい》は、ある提案《ていあん》をしてきました。

「クロちゃんの症状《しょうじょう》ですが、体重《たいじゅう》が1キログラムをこえた時点《じてん》で思《おも》い切《き》って手術《しゅじゅつ》をしてみるのも一《ひと》つの手《て》だと思《おも》います……」

先生《せんせい》によると、クロの病気《びょうき》は、ふつう誕生《たんじょう》と同時《どうじ》になくなるはずの血管《けっかん》が食道《しょくどう》の根元《ねもと》を取《と》りかこむように残《のこ》っているため、しぼり込《こ》まれた食道《しょくどう》の手前《てまえ》に食《た》べものがたまり、そのせいで食道《しょくどう》が広《ひろ》がってしまったのではないかというのです。もしそれが原因《げんいん》だとしたら、手術《しゅじゅつ》で血管《けっかん》を取《と》りのぞけば進行《しんこう》をとめることができるかもしれません。

ただ、この手術《しゅじゅつ》は全身麻酔《ぜんしんますい》を使《つか》うので、クロの体力《たいりょく》がもつかどうかが問《もん》題《だい》で、先生《せんせい》もそれを心配《しんぱい》していました。

先生《せんせい》の話《はなし》を聞《き》いたお母《かあ》さんは、少《すこ》しの間考《あいだかんが》えていました。しかし、「おなかを開《あ》けてみないと様子《ようす》がわからない」「全身麻酔《ぜんしんますい》によって命《いのち》の危険《きけん》がある」――この二《ふた》つのことが気《き》になって、OK《オーケイ》の返事《へんじ》をすることができなかったのです。

暑《あつ》い夏《なつ》がやってきました。受験生《じゅけんせい》のさおりさんにとっては、勝負《しょうぶ》の夏《なつ》です。受験勉強《じゅけんべんきょう》のスケジュールがますますきびしくなる中《なか》、三匹《びき》の猫《ねこ》たちはさおりさんにとって大《おお》きないやしでした。さおりさんは、このころには、

クロの看護《かんご》と受験勉強《じゅけんべんきょう》をうまく両立《りょうりつ》できるようになっていました。

弟《おとうと》のチャムは6キログラム、妹のミミは3・5キログラム。それに比べてクロは800グラムでした。チャムやミミにくらべるとクロはとても小《ちい》さな体《からだ》でしたが、顔《かお》つきはしっかりとしたおとなの猫《ねこ》になっていました。家族《かぞく》の誰《だれ》もが、このまま元気《げんき》でいてほしいと願《ねが》っていました。

何度《なんど》かの命《いのち》の危機《きき》をのりこえて、クロたちが山岡家《やまおかけ》に来《き》てから明日《あした》でまる一年《ねん》になります。そこでさおりさんがこう提案《ていあん》しました。

「お母《かあ》さん。明日《あした》、猫《ねこ》ちゃんの誕生日《たんじょうび》のおいわいしようよ」

「そうね。クロちゃんもみんながんばったから、おいわいしようか」

お母《かあ》さんが、さおりさんがだきかかえているクロの頭《あたま》をなでながら返事《へんじ》をしました。

「わーい。クロちゃん、おいわいするよ。誕生会《たんじょうかい》だよ」

さおりさんがそう言《い》うと、

「にゃああ～」

クロはうれしそうに返事《へんじ》しながら、さおりさんの顔《かお》をペロペロなめました。すると、さおりさんがいつになく神妙《しんみょう》な顔《かお》になりました。

「あのね、お母《かあ》さん……」

「なに？」

お母《かあ》さんもさおりさんの真剣《しんけん》な様子《ようす》を見《み》て、ちょっと気持《きも》ちを切《き》りかえました。さおりさんは、ゆっくりと話《はな》しはじめました。

「今日《きょう》、先生《せんせい》から志望校《しぼうこう》のことで呼《よ》ばれたの。そこで、『私《わたし》はどうしても教育学部《きょういくがくぶ》を志望《しぼう》します』って言《い》ったら、『じゃあ秋《あき》にあるすいせん入試《にゅうし》を受《う》けてみないか』って……」

「えっ、すいせん入試《にゅうし》？」

「私《わたし》ね、三匹《びき》の猫《ねこ》を拾《ひろ》うまでは、ばくぜんと大学《だいがく》～教育学部《きょういくがくぶ》～先生《せんせい》と、思《おも》っていたけれど、今《いま》は少《すこ》し違《ちが》うの。本当《ほんとう》に先生《せんせい》になれたら、命《いのち》の尊《とうと》さを子供《こども》たちに伝《つた》えられる先生《せんせい》になりたい。どんな小《ちい》さな命《いのち》でも重《おも》さは同《おな》じ、変《か》わらないってよくわかったから」

さおりさんは、クロにほおずりしながら言《い》いました。

「そう、よかったね。クロといっしょにがんばったもんね」

「うん、クロのおかげかなぁ。受《う》けてみるね」

そして秋風《あきかぜ》がとおり過《す》ぎ少《すこ》し冷《つめ》たい風《かぜ》に変《か》わるころ、うれしい知《し》らせが届《とど》きました。

「お母《かあ》さん、お母《かあ》さん、合格《ごうかく》したよ。クロちゃん、合格《ごうかく》したよ」

さおりさんが、大学《だいがく》のすいせん入試《にゅうし》に合格《ごうかく》したのです。

「えっ、ほんと？　間違《まちが》いじゃないの」

「だって、通知《つうち》が来《き》たんだもん。クロちゃんのおかげよ。ありがとう」

さおりさんはそう言《い》うと、クロをキュッとだきしめました。

「にゃお〜ん」

クロもうれしそうです。

「それじゃ、今年中《ことしじゅう》にアパートを決《き》めに行《い》かないとね」

お母《かあ》さんは、とてもうれしそうに言《い》いました。

しかし、さおりさんの合格以降《ごうかくいこう》、気温《きおん》が低《ひく》くなるとともにクロの体調《たいちょう》が少《すこ》しずつ悪《わる》くなってしまいました。体調《たいちょう》のいい日《ひ》が長《なが》くつづかず、点滴《てんてき》の回数《かいすう》が日増《ひま》しに多《おお》くなっていったのです。家族《かぞく》のみんなはクロの看護《かんご》にてんてこまいで、来年《らいねん》から一人《ひとり》ぐらしをはじめるさおりさんの新生活《しんせいかつ》の準備《じゅんび》どころではありませんでした。

「今週《こんしゅう》クロの体調《たいちょう》がいいようだから、僕《ぼく》が残《のこ》ってクロたちの世話《せわ》をするよ。だからアパート決《き》めに行《い》って来《き》たら？」

クロの体調《たいちょう》がおちついていた週末《しゅうまつ》に、秀和《ひでかず》くんがそう言《い》ってくれたので、お父《とう》さん、お母《かあ》さん、さおりさんの三人《にん》で大学《だいがく》の近《ちか》くのアパートを決《き》めて来《く》ることにしました。

しかし、とちゅう何度《なんど》も電話《でんわ》でクロの様子《ようす》を聞《き》いてみたところ、何度《なんど》か吐《は》いたようで、あまり思《おも》わしくない様子《ようす》でした。三人《にん》は急《いそ》いで不動産屋《ふどうさんや》をまわり、気《き》に入《い》った部屋《へや》を見《み》つけると、休《やす》む間《ま》もおしんで家《いえ》に帰《かえ》りました。

「クロちゃん、ただいま」

そう言《い》いながら玄関《げんかん》を開《あ》けると、クロは弱々《よわよわ》しい体《からだ》をゆらしながら急《いそ》いでおむかえに出《で》てきました。

「ごはんにしようね」

さおりさんがそう言《い》いながら少《すこ》しずつ注射器《ちゅうしゃき》で流動食《りゅうどうしょく》を飲《の》ませてあげると、クロはおいしそうに飲《の》み込《こ》み「にゃああ～」と鳴《な》きました。

決断《けつだん》

さおりさんが大学近《だいがくちか》くのアパートを決《き》めてきた次《つぎ》の日《ひ》のことです。

冷《つめ》たい風《かぜ》が吹《ふ》く寒《さむ》い日《ひ》でした。昨日《きのう》から体調《たいちょう》のよくなかったクロですが、今《いま》までにないくらいたくさん吐《は》き、倒《たお》れてしまったのです。

さおりさんは、すぐにだっこをして、おなかや背中《せなか》をなでてあげました。

しかし、クロは肩《かた》で息《いき》をして、とてもつらそうにしています。

「クロちゃん、クロちゃん……」

さおりさんは泣《な》きながら、クロの体《からだ》を一生《いっしょう》けんめいにさすっています。

そのうちに、さおりさんの涙《なみだ》がクロの頭《あたま》にポタリとおちました。するとク口は上《うえ》を向《む》いて「にゃぁぁ〜」と鳴《な》きました。それは「心配《しんぱい》しないで」と言《い》ってくれているようでした。しかし息《いき》は荒《あら》く、とてもつらそうです。

さおりさんとクロのただならぬ様子《ようす》に気《き》づいたお母《かあ》さんが、病院《びょういん》に車《くるま》を出《だ》してくれました。

「クロちゃんがんばれ、クロちゃん負《ま》けるな」

さおりさんはクロを毛布《もうふ》でくるみ、しっかりとだきかかえて助手席《じょしゅせき》にすわっています。その目《め》は涙《なみだ》でうるうるしています。
「大丈夫《だいじょうぶ》よ。きっと先生《せんせい》が助《たす》けてくれるから大丈《だいじょう》夫《ぶ》。きっとよくなるから」
お母《かあ》さんは運転《うんてん》をしながら、そんなさおりさんをはげましました。それは、自分自身《じぶんじしん》にも言《い》い聞《き》かせているようでした。

「カランカランカラン」

「先生《せんせい》お願《ねが》いします！」

お母《かあ》さんとさおりさんは、病院《びょういん》につくと急《いそ》いでドアを開《あ》け、中《なか》にかけ込《こ》みました。

「どうしました？」

二人《ふたり》のただならぬ様子《ようす》に先生《せんせい》はちょっとビックリしていましたが、さおりさんにだかれているクロを見《み》るなり、

「あっ、すぐに診察室《しんさつしつ》に入《はい》ってください」

そう言《い》って、大急《おおいそ》ぎでみてくれました。

クロの体《からだ》は、思《おも》ったよりもよくないようでした。特《とく》に脱水症状《だっすいしょうじょう》がひどかっ

たので、水分《すいぶん》と栄養分《えいようぶん》をとるために、まず前足《まえあし》に点滴《てんてき》をしてくれました。

「とにかく水分《すいぶん》と栄養分《えいようぶん》をとるのが最優先《さいゆうせん》です。口《くち》からとるのはもはやむずかしく、長《なが》い時間点滴《じかんてんてき》をつづけるしかありません。入院《にゅういん》するのがよいと思《おも》います」

先生《せんせい》の言葉《ことば》にお母《かあ》さんは迷《まよ》いましたが、できるかぎり長《なが》い間自分《あいだじぶん》の家《いえ》でいっしょにいたいという思《おも》いから、ギリギリの時間《じかん》まで点滴《てんてき》をしてもらった上《うえ》で注射針《ちゅうしゃはり》を前足《まえあし》に入《い》れたままいったん家《いえ》に帰《かえ》り、明日《あした》の朝《あさ》、また病院《びょういん》に来《き》て点滴《てんてき》をしてもらうということにしました。

それから三日間《みっかかん》、クロは点滴《てんてき》のために病院《びょういん》に通《かよ》いつづけました。もう、口《くち》から何《なに》も受《う》けつけなくなっていました。こうなると、どうすることもできません。病院《びょういん》の診察台《しんさつだい》の上《うえ》でつらそうにぐったりしているクロを見《み》ると、

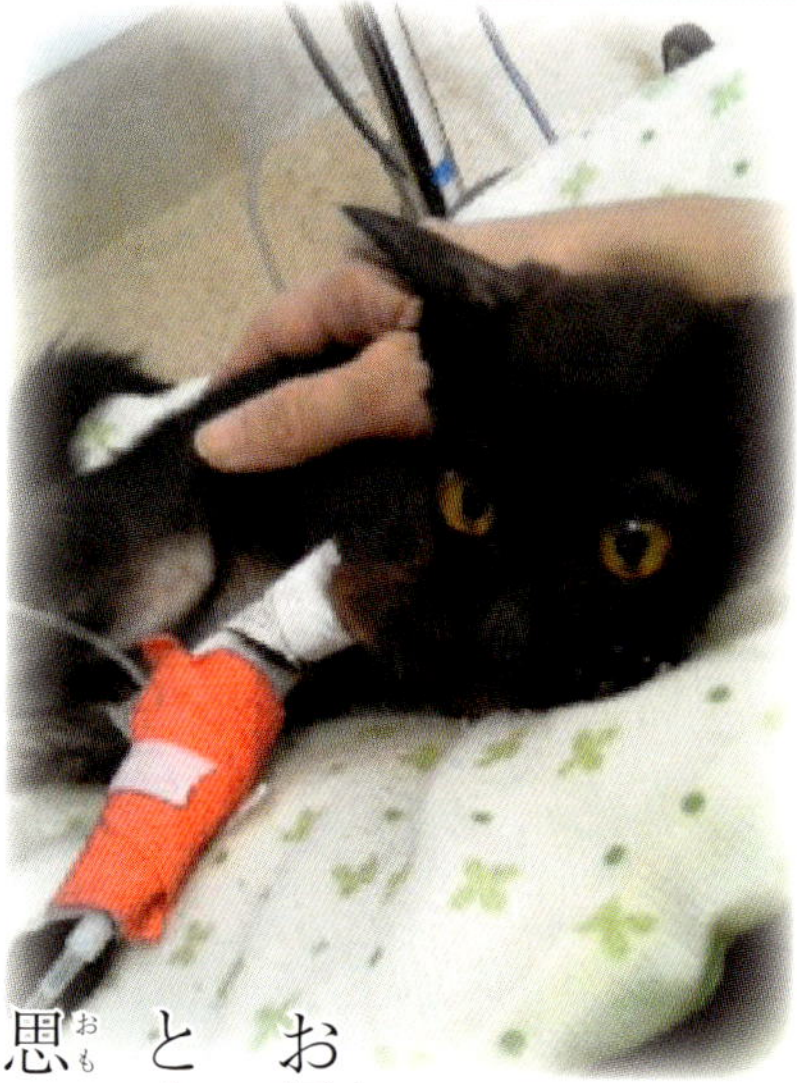

お母《かあ》さんとさおりさんの目《め》からは涙《なみだ》があふれてとまりません。そんなクロを見《み》て、お母《かあ》さんは思《おも》いつめたように先生《せんせい》にたずねました。

「先生《せんせい》、私《わたし》がしていることはクロにとってつらいことでしょうか？　私《わたし》の思《おも》いだけで命《いのち》をのばしているのではないでしょうか？　間違《まちが》っているのか正《ただ》しいのか、私《わたし》にはわからなくなりました……」

「そんなことはありませんよ。動物《どうぶつ》の中《なか》で『自殺《じさつ》』を考《かんが》えるのは人間《にんげん》だけだと思《おも》います。他《ほか》の命《いのち》ある動物《どうぶつ》は生《い》きることだけを考《かんが》えています。今《いま》までクロちゃんは人間《にんげん》に命《いのち》をゆだね一生《いっしょう》けんめいに生《い》きて来《き》たのですから、その思《おも》いは受《う》けとめていると思《おも》いますよ」

先生《せんせい》の言葉《ことば》に、お母《かあ》さんもさおりさんも心《こころ》が救《すく》われた思《おも》いでした。

そのあと、クロの息《いき》が急《きゅう》に荒《あら》くなりました。それを見《み》て、お母《かあ》さんは一《ひと》つの決断《けつだん》をしました。

「先生《せんせい》、クロの針《はり》をぬいてください……」

その意味《いみ》を察《さっ》したさおりさんは、悲《かな》しくて涙《なみだ》がたくさんあふれてきました。お母《かあ》さんは先生《せんせい》と相談《そうだん》して、クロの点滴《てんてき》の針《はり》をぬいて、家《いえ》に連《つ》れて帰《かえ》ることにしたのです。

「クロちゃん、針《はり》をはずそうね……」

先生《せんせい》はゆっくり針《はり》をぬきました。

「にゃっ」

クロは痛《いた》かったのかちょっと鳴《な》きましたが、そのあとはぐったりと横《よこ》になりました。

「さおり、クロちゃんをおうちでゆっくり寝《ね》かせてあげようね」

お母《かあ》さんはさおりさんにそう言《い》うと、先生《せんせい》にていねいにお礼《れい》を言《い》って病《びょう》院《いん》をあとにしました。


家《いえ》に帰《かえ》るとさおりさんはすぐにストーブの前《まえ》にクッションを置《お》き、その上《うえ》にクロを寝《ね》かせました。そして頭《あたま》をなでながら、

「クロちゃん、もう痛《いた》くないからね」

小《ちい》さな小《ちい》さな声《こえ》でささやきました。

クロはいつものように「にゃぁぁ～」と返事《へんじ》をしようとしましたが、口《くち》をほんの少《すこ》し開《あ》けただけで声《こえ》にはなりません。窓《まど》の外《そと》は雪《ゆき》がチラチラふってきて、今年《ことし》一番《ばん》の寒《さむ》さです。

「ただいま。今夜《こんや》は寒《さむ》くなりそうだぞ。クロの具合《ぐあい》はどうだ」
お父《とう》さんが帰《かえ》って来《く》るとすぐに、さおりさんとクロのそばにやって来《き》て、クロの顔《かお》をのぞき込《こ》むと、頭《あたま》をやさしくなでました。クロはもう一度《ど》
「にゃぁぁ～」と返事《へんじ》をしようとしましたが、口《くち》も開《あ》けることができずほんの少《すこ》しうすす目《め》を開《あ》けただけで、また目《め》をつむってしまいました。

家族《かぞく》みんなが、クロのそばでただ見《み》つめているだけでした。

お父《とう》さんが、クロの頭《あたま》をゆっくりなでました。

すこし目《め》が開《ひら》いたように見《み》えましたが、すぐ横《よこ》にいたさおりさんはクロの異変《いへん》に気《き》がつきました。

「クロちゃんが、動《うご》かないよ」

さおりさんの目《め》から涙《なみだ》がこぼれおちました。

その涙《なみだ》が、一回《ひとまわ》り小《ちい》さくなったクロの体《からだ》をぬらしました。しかし、クロはもう鳴《な》いてはくれませんでした。

外《そと》は深々《ふかぶか》と雪《ゆき》がふりつもり、まるで雲《くも》の上《うえ》にいるようでした。

さおりさんは、空《そら》からのおむかえにクロをわたしたくないと、泣《な》きながら動《うご》かなくなったクロをだきしめていました。そんなさおりさんに、お母《かあ》さんはやさしくこう言《い》ったのです。

「きっと、クロちゃんは空《そら》から来《き》た小《ちい》さな天使《てんし》だったのよ。私《わたし》たちは、クロちゃんのおかげで命《いのち》の尊《とうと》さを知《し》ることができたし、クロちゃんが家族《かぞく》になってから大変《たいへん》なこともあったけれど、毎日《まいにち》楽《たの》しくて幸《しあわ》せだった……」

お母《かあ》さんも涙《なみだ》を必死《ひっし》にこらえています。

「クロちゃんは、今《いま》ごろ空《そら》の上《うえ》の虹《にじ》の橋《はし》をわたっているのかな。そして、橋《はし》の上《うえ》から『さおりちゃん、楽《たの》しかったよ。ありがとう』って言《い》っていると思《おも》うわ。きっとクロちゃんは、大好《だいす》きだったさおりの夢《ゆめ》がかなうのを見《み》届《とど》けるまで命《いのち》をつなげていたのよ。今日《きょう》いっぱい泣《な》いたら、明日《あした》はクロちゃんのお墓《はか》を作《つく》ってあげようね」

そう言《い》って、さおりさんをぎゅっとだきしめました。

お父《とう》さんも秀和《ひでかず》くんも、涙目《なみだめ》になっています。

さおりさんは、今《いま》にも動《うご》き出《だ》しそうなクロをソファに寝《ね》かせました。すると、チャムとミミが近《ちか》づいて来《き》て、クロの毛《け》づくろいをしはじめたのです。きっとこの子《こ》たちも、さおりさんたちと同《おな》じようにクロの死《し》を理解《りかい》できないでいるのでしょう。

こうしてクロは、山岡家《やまおかけ》の家族全員《かぞくぜんいん》に見守《みまも》られながら、雪《ゆき》のふる中《なか》、ねむるように逝《い》ってしまったのです。


クロが亡《な》くなった次《つぎ》の日《ひ》。

クロが窓《まど》からながめていた庭《にわ》の雪《ゆき》をかき、みんなでクロのお墓《はか》を作《つく》りました。さおりさんは、お墓《はか》のまわりにそっと花《はな》の種《たね》をまきました。


春《はる》です。

雪《ゆき》がとけはじめたクロのお墓《はか》のまわりに、新《あたら》しい小《ちい》さな命《いのち》が芽《め》ぶいていました。さおりさんがまいた種《たね》が芽《め》を出《だ》したのです。

さおりさんは、これから一人《ひとり》で新《あたら》しい生《せい》活《かつ》をはじめます。旅立《たびだ》ちの前《まえ》に、クロのお墓《はか》の前《まえ》でそっと手《て》を合《あ》わせました。

「クロちゃん、私《わたし》のうちに来《き》てくれて本当《ほんとう》にありがとう。クロちゃんは、私《わたし》の夢《ゆめ》をかなえるために来《き》てくれた天使《てんし》だったのね。今度《こんど》生《う》まれ変《か》わっても、また私《わたし》のところに来《き》てね」

すると空《そら》の上《うえ》から、

「にゃあ～きっと来《く》るからね」

というクロの鳴《な》き声《ごえ》が、聞《き》こえたような気《き》がしました。

おわりに

今思えば三匹の子猫が家族に加わって、しみじみ実感していることがあります。それは私たちがとても幸せだということです。なぜかって……それは、クロを通して知り合えた人たちみんなとってもとても温かかったからです。そのたくさんの優しさに触れるたび心がぽかぽか温かくなって、幸せを感じることができるのです。病院の先生とスタッフの人たち、心がくじけそうになった時助けてくれた友だち、そしてどんな時もあきらめずに一つ一つ困難を乗り越えた家族。そう、こんなステキな人たちが、私たちの周りにたくさん居ると思うだけで嬉しくなるのです。春になると窓越しに見えるクロのお墓の周りに小さな薄紫の花が、恥ずかしそうに顔を出します。思わず「クロ～クロちゃん」と呼ぶと兄妹猫のチャムとミミが同時に窓の方に駆け寄ります。「きっとこの子たちにはあそこにクロの姿が見えているのね。クロが見守ってくれているのね」と、思うとまた心がぽかぽか温かくなります。

私たち家族は「大きな命も小さな命も重さは同じ大切な命」ということをこの子猫たちか

ら教えてもらいました。もしみなさんが猫や犬、ペットを飼いたいと思ったら一度里親を探している掲示板やブログをのぞいて見てくださいませんか。一匹でも多く動物の命を救ってあげて欲しいのです。そしてその動物たちからたくさんの幸せを感じてください。そう、私たち家族のように……「この家に来てくれて本当にありがとう。たくさんの幸せをありがとう」と。

２０１０年４月　　山岡　睦美

●作者紹介　山岡 睦美（やまおか　むつみ）

1961年　自然と神話の豊かな山陰、鳥取県境港市に生まれる。小さな頃から動物と絵本が大好きで、平成9年に地元のボランティア団体「おはなしポケットの会」に参加し活動している。12年間絵本の読み聞かせを子供たちと一緒に楽しんで、今では仕事の傍ら定期的に「大人も子ども楽しめる読み聞かせの会」に参加しライフワークとしている。

装幀・イラスト：デザイン　サンク

小さな命も重さは同じ

難病の子猫クロといつもいっしょ

平成22年5月15日　第1刷発行

ISBN　978-4-89295-671-3 C8093

発行者　日高　裕明
発行所　ハート出版

〒171-0014
東京都豊島区池袋3-9-23
TEL・03-3590-6077　FAX・03-3590-6078
ハート出版ホームページ http://www.810.co.jp/

印刷　中央精版印刷

★乱丁、落丁はお取りかえします。その他お気づきの点がございましたら、お知らせください。

編集担当／西山

ドキュメンタル童話・猫のお話

キャッツ愛童話賞受賞作品

人の生き方を変えた猫　ひふみ（第1回グランプリ）

ほら、2本足だけで歩けるよ。

三津谷美也子　作

寝たきりになっちゃ、助けてくれたお母さんに申しわけない。がんばって、がんばって、歩けるようになったよ。ボクにできる恩返しは、一日でも長く元気に生きることなんだ。

A５判上製　本体１２００円

こねこのいのち（第3回グランプリ）

いのちが軽々しく捨てられる時代——
いのちについて深く考えさせる一作。

高橋さくら　作

二人の優しい姉妹は、瀕死の状態の子猫を助けようとする。しかし、そこには厳しい現実が立ちふさがる。姉妹は幼い心を痛めつつ、懸命に世話をしようとするが……。

A５判変形並製　本体１２００円

定価は将来変更することがあります。

ドキュメンタル童話・猫のお話

A5判上製　定価各 1260 円

空から降ってきた猫のソラ

今泉耕介／作

有珠山噴火のペット保護をしていたボランティア団体に、ある日子猫がやってきた。生後間もない子猫を皆で面倒を見ているうちに、過ひどな環境でのボランティアでギスギスしていた雰囲気が和やかになっていった……。有珠山復興の陰にあった感動のドラマ。

忘れられない猫おさん

鈴木節子／作・画

第二次世界大戦が終わったとある田舎町。母猫の誤った子育てで、人間不信になってしまった猫「おさん」。おさんをかわいがろうと奮闘する家族だが、おさんは縁の下と土間を行ったり来たり……。どんな人なつっこい猫よりも、一度しか抱かせてもらえなかった猫が忘れられないと、元小学校教諭が書いた渾身の一作。

前足だけの白い猫マイ

今泉耕介／作

プロゴルファーの杉原輝雄さんが拾った白い子ネコ・マイは前足だけしか動きません。オシッコもウンチも一人ではできません。だから、だれかが面倒をみないと、すぐに死んでしまいます。歩くことも、走ることもできないマイが教えてくれた、命の大切さとは……

猫のたま駅長

西松　宏／作

「どうして三毛猫のたまが駅長になったの？」あまり知られていない子猫時代から、現在までを描く“いま、日本で一番有名な猫”が初めて童話になった！

廃線寸前のローカル線は、いかにして立ち直ったか。

猫好きはもちろん、鉄道ファンも必見のサクセスストーリー

地震の村で待っていた猫のチボとハル

池田まき子／作

ごめんね、置き去りにして。道路はずたずた、陸の孤島となった村は、自衛隊のヘリコプターで全員の避難が緊急決定。でも、ペットをつれてはダメとの指示が…。２００４年秋の中越地震の被災地・山古志村で実際にあった「被災動物」と人間たちの織りなす感動のドラマ。

価格は将来変更することがあります。